U0014686

# 各界推薦

　　這本書以生動有趣的漫畫形式，巧妙地呈現了看似艱深的生活科學概念，讓讀者能夠在輕鬆圖解中深入理解。作者所引用的參考文獻皆為最新資料，有助於擴展讀者的學科視野。雖然對年齡較小的讀者而言可能稍具挑戰性，但對於中學生和教師而言，這本書提供了理想的學習資源，不僅能夠啟發學生對科學的濃厚興趣，同時也為教師提供生動有趣的教學素材。

　　這本書的內容有一定的深度，堪比科學雜誌，提供不少新知（果然是知識性YouTuber，經吸收整理後的作品輸出）。

——台中市福科國中理化老師　何莉芳

　　本書以深入淺出的方式，透過漫畫形式呈現複雜的科學內容，使閱讀變得有趣且容易入口。主題聚焦於新興科技，涵蓋疫苗、無人車等熱門話題，還有趣味的科學幻想議題，不僅讓人得以一窺新興科技的發展，也探討了看似可行的科學奇想所面臨的現實挑戰。

　　透過作者獨特的筆觸，你將在輕鬆的閱讀中，深入了解這些引人入勝的科學奇蹟。對於關心科技與科學幻想的

讀者來說，本書是絕佳的選擇。

——《TRY科學》科普節目顧問　許兆芳

利用恐龍的DNA，真的可以再創一個侏羅紀公園？如果地球真的被薩洛斯彈指消失了一半的生物，那後續會發生什麼事？真的會有巨大隕石撞地球嗎？若有，那該怎麼辦？

每每看完電影後，不免讓人思考情節發生的可能性，透過這本書，讓這些疑惑都有了解答。作者豐富的科普知識，藉由淺顯易懂的文字與詼諧有趣的漫畫呈現，讓人讀起來輕鬆無負擔外，也對現今的生活科技多一分的了解。這本書絕對適合大人小孩共讀，推薦給大家。

——FB粉專「滾妹・這一家」親子手作版主
潘憶玲（滾媽）

複雜的科學知識，透過漫畫與幽默的對白變得淺顯易懂。即使是小朋友也可以透過這本書，了解網路上最夯的

# 各界推薦

科學議題，讓你上知天文，下知地理，從DNA到外太空，從蚊子到自駕車，針對議題深度介紹，不囫圇吞棗，是一本有料的科普漫畫書。

——FB粉專「阿魯米玩科學」版主、岳明國中小教師
盧俊良

老實說，科學本身並不簡單也不算有趣，無論我們再怎麼簡明地向大眾講解，效果也有限。但是，偶爾會有一、兩個人能成功，作者李民煥（YouTuber知識人Minani）正是那樣的人。他不是用一般常見的方式來解說科學，而是直接帶領讀者走進科學現場。他最厲害的地方在於懂得提出「好問題」，讀者可以在書中看到他以「正確」且充滿趣味的方式來回答這些問題。

這是一本男女老少都可以輕鬆閱讀的書，如果每個人的書架上都有這麼一本書的話，我們與科學的距離將會更近一步。

——韓國國立果川科學館館長　李正模

　　小時候，每當深夜還睡不著時，我總是會捧著科學漫畫看。當這世界最奇妙的科學與有趣的漫畫相遇這樣的大事發生時，我怎麼還能保持冷靜呢？很感謝作者的邀請，讓我再次得以回味童年時的激動心情。

　　作者為用白話來說明有點困難的科學知識，並將它繪製成四格漫畫，甚至連角落的空白處都花了心思設計，讓讀者能快速學習各種知識。孩子們能在無窮想像世界裡展開翅膀飛翔，許多成人也能再次跳入遺忘許久的科學世界，本書絕對是最佳讀物。

　　　　　──知識型網紅、《需要科學的時間》作者　軌道

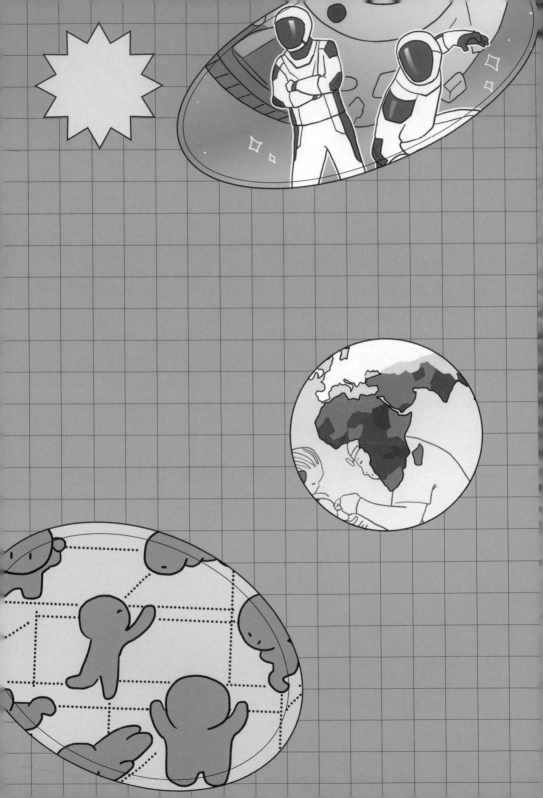

# 目錄

# 自序‧科學將會把我們帶向何方？

　　科學總會不時將我們引導到意想不到的地方。好比說，它將我帶到巴黎這座美麗的都市，這裡到處都是中古世紀建築，以及看似從容卻步履如飛的人們。此刻，當地時間9月18日（韓國時間9月19日），因為白天豔陽高照，我只穿著短袖T恤，但只要移動到稍微有遮蔭的地方，又會因為有些涼，而得套上長袖外衣。我真是做夢都沒想到，這裡會比韓國更早迎來變化無常的秋天。

　　那時巴黎會展中心正在舉辦2022年國際航太大會（IAC），我在接到邀請後便直接從韓國飛往巴黎了。展覽期間，我親眼目睹了韓國航太企業的展示品與技術，還有日本、美國、歐洲等國的研究成果，並用攝影機記錄下一切。能獲得這次參與機會，是因為我平日參訪了許多研究中心，記錄了許多科學實驗現場，而獲得大眾好評。一想到這點，我就更加勤奮地在會場裡四處拍攝取材。

　　回到韓國後，我在剪輯影片時又回味了一遍當時激動的心情。這麼想來，從我第一次上傳影片至YouTube到現在，已不知不覺過了7年。「知識人Minani」頻道與16萬名訂閱者一起度過了許多日子，而我從未料到能夠擁有如此廣大的粉絲。這一切的起點，始於我加入大學的實驗室。那時教授要我好好思考，「這實驗成功的話，原因是什麼呢？如果失敗了，又為什麼會失敗呢？」教授建議幾乎都泡在大學實驗室的我，人應該要經常提出「為什

麼」的疑問。

　　之後，我在日常生活中也養成了隨時提出「為什麼」的習慣，像是：「在實驗室製造出來的人造肉是什麼味道呢？」、「人類要是消失一半的話，會發生什麼事呢？」、「隕石墜落的話，核彈可以攔截它嗎？」等等。我對很多事物產生了好奇心。在滿足好奇心與尋找答案的過程中，我意識到「科學」的奧妙，便想與更多人分享，於是我開始製作影片。這就是我成為科學YouTuber的第一步。

　　某天，我在查詢外國國家機關與研究中心的資料，準備製作影片時，忽然想到一個好主意，「與其將搜集來的資料製作成影片，還不如親自拜訪正在研究該主題的韓國研究機構？如果能實際介紹科學原理與觀看現行研究狀況的話，應該可以為訂閱者提供更有意義的體驗！」

　　我立刻行動，先拜訪熟人待的大學研究所實驗室，將各領域研究現場的所見所聞錄製成影片，影片中還會談到實驗室裡發生的小插曲，或介紹有實際成果的研究。可能是我與其他知識型YouTuber風格不同，所以我在某個瞬間開始接到各式各樣的國家機關與大學研究所的合作邀約。能夠深入探訪科學實驗現場的機會難得，我當然很爽快地接下邀約。

　　至今，我已經參觀過韓國產業通商資源部、韓國航空

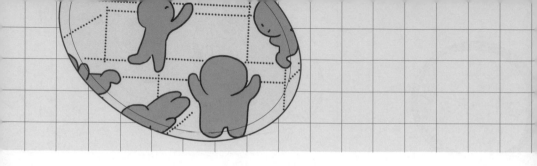

宇宙研究院、韓國食品醫藥品安全處、韓國中部電力公司、韓國東部電力公司、韓國化學研究院、韓國國立水產科學院、大邱慶北科技院等機關與機構，並向訂閱者具體介紹科學在哪些方面做了哪些變化。我所接觸而的科學不再局限於網路資料、白紙黑字，而是活生生的實驗現場，這股感受激發我更多的熱情去製作科學影片。

即便如此，還是有美中不足的地方：我每次製作的影片都無法放入完整的科學解說與歷史脈絡。當我正在煩惱可以怎麼解決這個問題時，恰好思考力量出版社問我要不要寫一本男女老少都能輕鬆了解科學的科普書。他們提了一個很吸引人的提案，我便愉快地接下了這份工作。

本書以已上架的影片內容為架構，再按照主題逐一增加故事內容。我也沒忘了盡可能地傳遞我所看到、聽到的最新資訊。因為「有趣地」傳遞科學新知是我身為科學YouTuber的使命，所以我與插畫家一同將內容編繪成任何人都能輕鬆閱讀的漫畫型式，以此取代生硬的科學解說。而且，我本來就想以有趣、令人愉快又精彩的方式，向讀者們介紹「現今的科學」。

在此感謝一開始建議我撰寫本書，並在各方面提供協助的朴江民編輯；幫我修改原稿並畫出有趣的漫畫，以致我每次閱讀時總會笑出來的李率伊插畫家；從本書企劃出版到最後都卯盡全力的許泰俊編輯。另外，我還要感

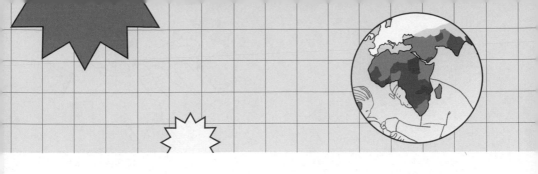

謝一直在線上線下不停支持我做科學YouTuber的YouTuber宋泰民（UhBee）哥、經常在我身邊逗我不停笑的搞笑藝人李文宰哥、給我當科學網紅靈感的科學餅乾哥（李孝鐘），以及撰寫推薦短文為本書增添光彩的國立果川科學館李正模館長，與YT頻道「不行的科學」的軌道先生。

最後，我衷心感謝所有發現「知識人Minani」頻道，並提出合作邀約的機關及研究機構，贊助我參與國際航太大會與製作影片的無人探勘研究所（UEL），還有一直以來支持我、喜歡我製作的影片的訂閱者。

我採訪過眾多科學現場與實驗室的感想是：科學不僅存於實驗室之中。如同「為什麼」的疑問不再只存於實驗室，而是跳入了我的日常生活中一樣，科學也存在這個世上的每個角落。一想到這點，我就很心動又期待，下一次又會有什麼快樂的事正等著我呢？從大學實驗室到法國巴黎，接下來科學又會將我帶到何處呢？它會將我們人類帶去哪裡呢？希望讀者們一定要帶著這種悸動的心情閱讀這本書。

知識人Minani

李民煥

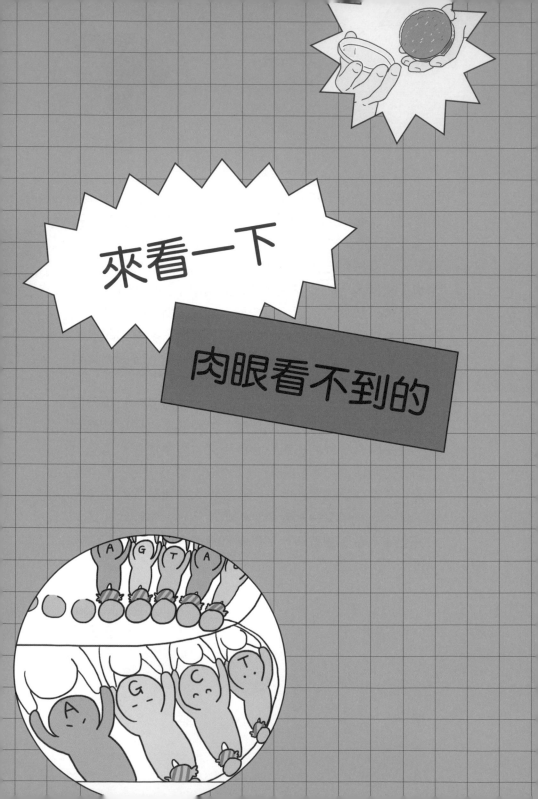

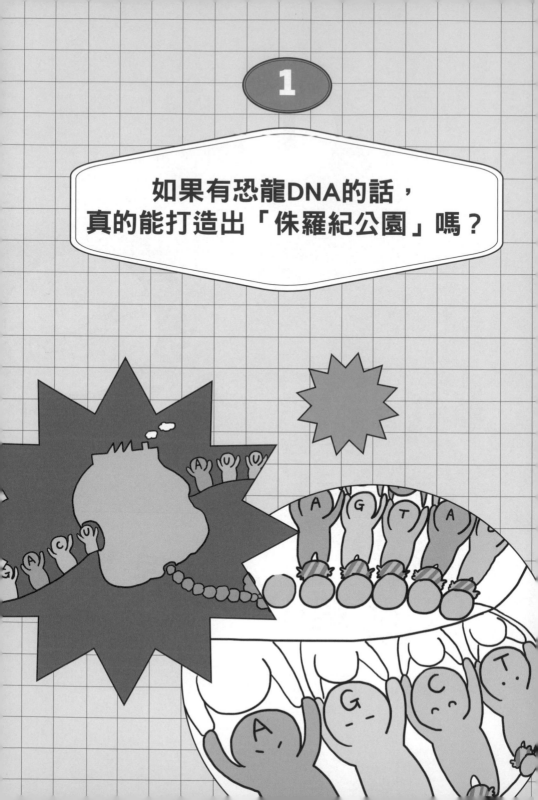

有一句俗話說：「種瓜得瓜，種豆得豆。」

從生物學的角度來看，
我有時候都會覺得，
我們的祖先們是不是
早就知道遺傳學法則了？

古人實際上是如何看待遺傳的？

西元前5世紀

你長得真像
你父母呢！

呃～
你怎麼知道？

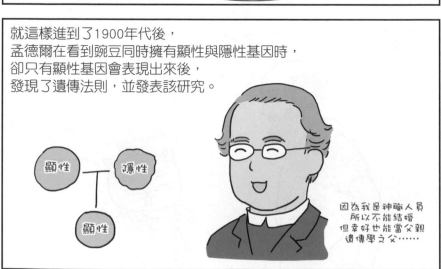

1940年代，加拿大遺傳學家奧斯華·艾佛瑞
進行了轉形因子實驗。

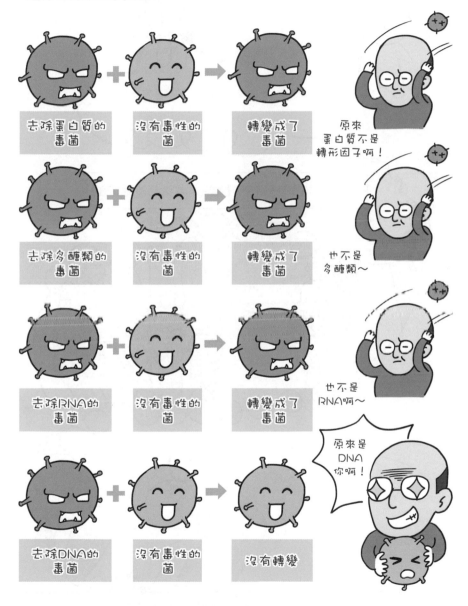

在毒菌注入無毒菌後是否能去除毒性的實驗中，
得知了DNA是傳遞遺傳基因的物質。

後來，科學家們發現了DNA像條線似的連接在一起。

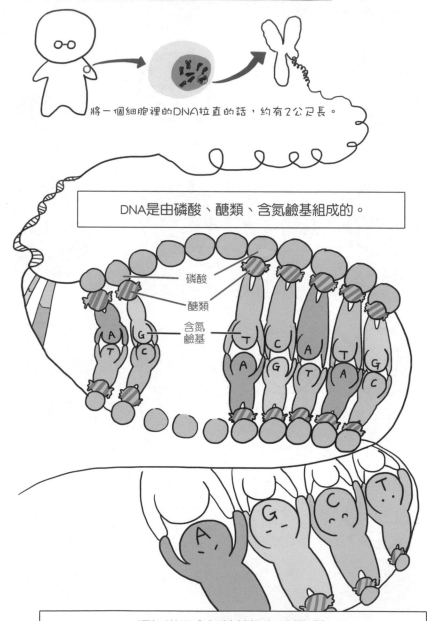

將一個細胞裡的DNA拉直的話，約有2公尺長。

DNA是由磷酸、醣類、含氮鹼基組成的。

磷酸
醣類
含氮
鹼基

還知道了含氮鹼基裡有4種物質，
分別是腺嘌呤（A）、鳥嘌呤（G）、胞嘧啶（C）、胸腺嘧啶（T）。

此外，華生與克里克還發現
「DNA是雙螺旋狀」的驚人事實呢！

華生

克里克

現在一提到DNA，
我們就會
想到這樣的形狀呢！

DNA保存了遺傳基因的
使用說明原稿。

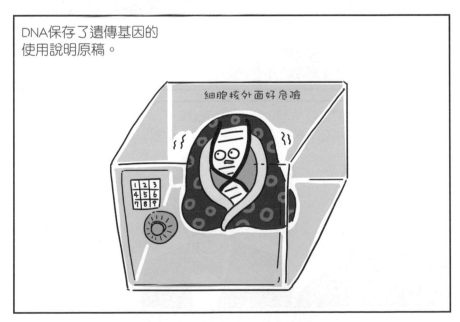

細胞核外面好危險

當它需要向某地傳送說明書時，
會需要一個叫RNA的複本。

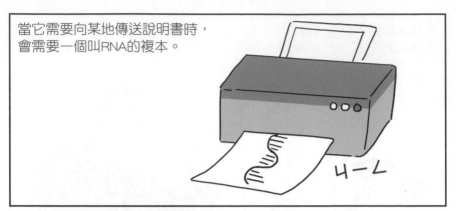

ㄐㄧㄥ

核糖體看著說明書的複本，
製造需要的東西。

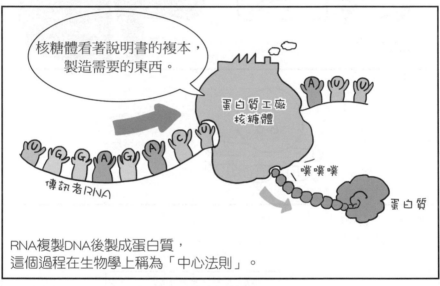

蛋白質工廠
核糖體

傳訊者RNA

噗噗噗

蛋白質

RNA複製DNA後製成蛋白質，
這個過程在生物學上稱為「中心法則」。

此研究象徵著人們可以控制生物現象與遺傳，
因此克里克與華生在1962年獲得了諾貝爾生理醫學獎。

華生在2014年
把諾貝爾獎牌拿去競拍，
賺了475萬美金呢！

我有疑問～

喔～
你有什麼好奇的
地方嗎？

期待期待

那個，我很好奇
買下獎牌的人是誰？

聽說是一名俄羅斯富翁。
不過因為他很尊敬華生，
所以把獎牌還給他了。

1990年全球生物學家齊聚一堂，
啟動了「人類基因體計畫」。

他們成功解碼了人類體內
30億個鹼基對！

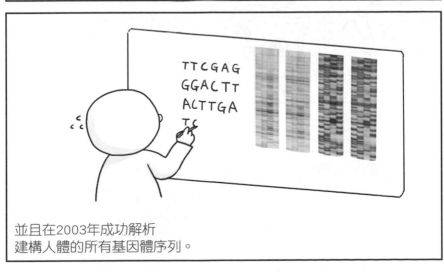

TTCGAG
GGACTT
ACTTGA
TC

並且在2003年成功解析
建構人體的所有基因體序列。

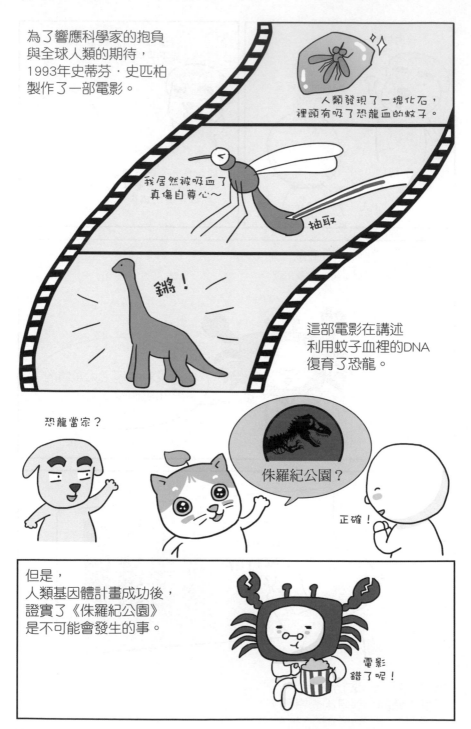

為了響應科學家的抱負與全球人類的期待，1993年史蒂芬·史匹柏製作了一部電影。

人類發現了一塊化石，裡頭有吸了恐龍血的蚊子。

我居然被吸血了真傷自尊心～

抽取

鏘！

這部電影在講述利用蚊子血裡的DNA復育了恐龍。

恐龍當家？

侏羅紀公園？

正確！

但是，人類基因體計畫成功後，證實了《侏羅紀公園》是不可能會發生的事。

電影錯了呢！

因為DNA中只有極少部分會用在
製造人體所需的蛋白質、酵素，
而剩下的大部分尚未被解碼。

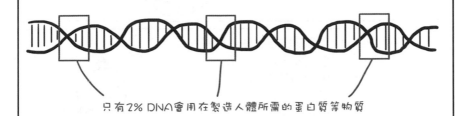

只有2% DNA會用在製造人體所需的蛋白質等物質

還有卵子與精子結合時，
不會只靠DNA孕育胎兒，

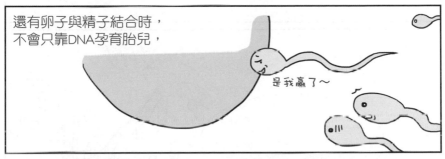

是我贏了～

生殖細胞裡的許多生物分子、胞器會一起被傳送出去，
它們會解析DNA的暗號，讓生命體成長。

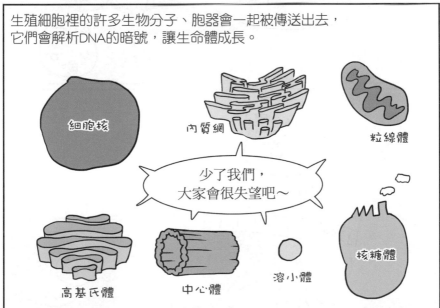

細胞核

內質網

粒線體

少了我們，
大家會很失望吧～

高基氏體

中心體

溶小體

核糖體

因此我們如果
想復育恐龍的話，
首先要找到沒有
被汙染過的恐龍DNA。

抽取

接著將它置入基因與恐龍相似的雞的卵子，
讓它在代理孕母「雞」的子宮裡著床，
並讓母雞下蛋，才有可能成功。

「雞」是還存活在世上的恐龍 →

但問題是，
一旦經過100萬年，
DNA中的資訊就會消失。

沙啦啦

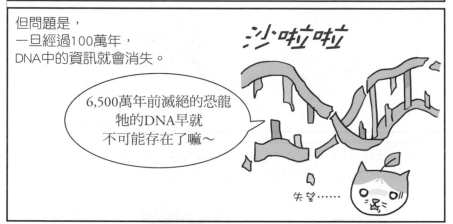

6,500萬年前滅絕的恐龍
牠的DNA早就
不可能存在了嘛～

失望……

現在這裡
才是侏羅紀公園，
接受現實吧……

嗚啊～
我不要！

養雞場

雖然復育恐龍很困難，
但是現在可以利用
DNA做很多事呢！

演員安潔莉娜‧裘莉在檢測遺傳基因後，
為了預防癌症，接受了事前切除手術。

我的診斷結果是，
乳癌機率87%，卵巢癌機率50%，
我決定避免走上像我母親、祖母、
阿姨同樣因癌症死亡的命運。

因為投入30億美金的人類基因體計畫成功了，
所以2001年基因定序檢測費用是1億美金，
2017年左右降到1,000美金，
約新台幣3萬元的檢查費用。

2011年為了治療胰臟癌，
花了10萬美金接受遺傳基因檢測的
史蒂夫‧賈伯斯

哼，早知就早點做了～

因為韓國也有10萬韓幣左右
就能簡單測試的基因檢測試劑，
所以我決定親自一試。

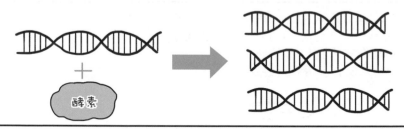

同意基因檢測後，
將採集的唾液與藥水混合並寄回研究中心。

口水、血液、毛髮、指甲等，我們全身部位都有DNA，將這些少量
的DNA拿到研究中心後，他們會利用酵素複製增加DNA。

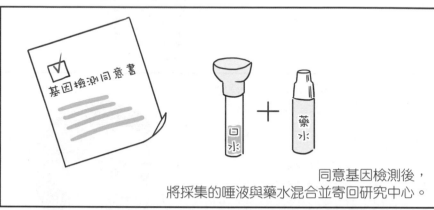

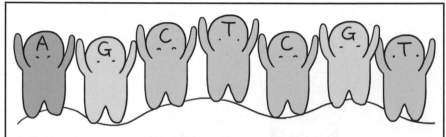

之後他們會與全球基因數據進行比對，
最後告知你的DNA分別來自哪些區域、各占多少比例。

根據基因序列可以判定你的種族。

人類與黑猩猩的
基因序列只有1%不一樣呢！

我們也能從中得知受測者的身體特徵。
丹麥科學家從新石器時代人類嚼過的口香糖中提取DNA，
還原了他們的長相。

5,700年前生活在北歐、
吃了綠頭鴨與榛果的
黑皮膚女孩

嚼過的
口香糖應該
包在紙裡丟掉

隨意亂丟的話，
6,000年後會被
我們公開的

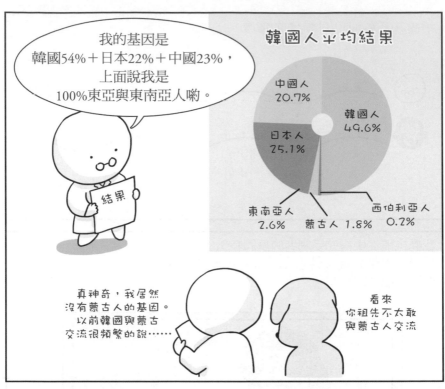

我的基因是
韓國54%＋日本22%＋中國23%，
上面說我是
100%東亞與東南亞人喲。

結果

韓國人平均結果

中國人
20.7%

韓國人
49.6%

日本人
25.1%

東南亞人
2.6%

蒙古人 1.8%

西伯利亞人
0.2%

真神奇，我居然
沒有蒙古人的基因。
以前韓國與蒙古
交流很頻繁的說……

看來
你祖先不太敢
與蒙古人交流

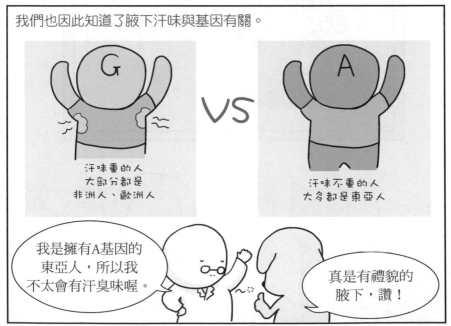

我們也因此知道了腋下汗味與基因有關。

G

VS

A

汗味重的人
大部分都是
非洲人、歐洲人

汗味不重的人
大多都是東亞人

我是擁有A基因的
東亞人，所以我
不太會有汗臭味喔。

真是有禮貌的
腋下，讚！

因為好玩，
也來試試
脫髮基因吧？

撲通
撲通

我是AG基因型，
脫髮風險比平均男性
要高出40%！

？！

不是說你馬上就會禿頭，
而是老了之後可能會，
只要保持健康就可能不會發生。
說是要多吃
鮭魚、莓果、豆類、雞蛋。

既然提前知道，就做好預防吧～
哈哈哈

不介意男友有40%禿頭
風險的人，歡迎來電

現在你也是
不能跳過脫髮
廣告的人了呢

只得了一頁
傷的檢測～
請享用
恐龍蛋

egg

阿姆阿姆

沒關係！
你腋下是香的嘛！

29

2

這世上有永遠不會死的
「殭屍細胞」？

我們體內
約有60兆個細胞。

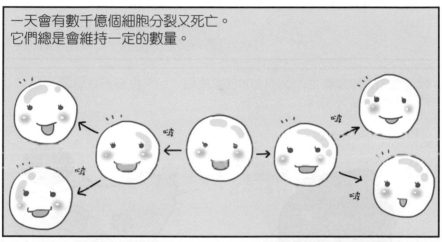

一天會有數千億個細胞分裂又死亡。
它們總是會維持一定的數量。

啵　啵　啵　啵

我已經分裂了50次，
是時候該走了。
能見到你們，
我也死而無憾了。

曾曾祖母～
請安心上路～

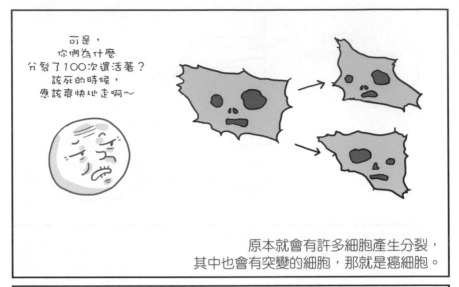

原本就會有許多細胞產生分裂，
其中也會有突變的細胞，那就是癌細胞。

我們體內大約會產生800～4,000個癌細胞，但是免疫系統會處理它們，所以不會有問題。

但是癌細胞與一般細胞不同，它們分裂的速度很快，而且不會自然死亡，所以它們會聚集成團壯大起來。

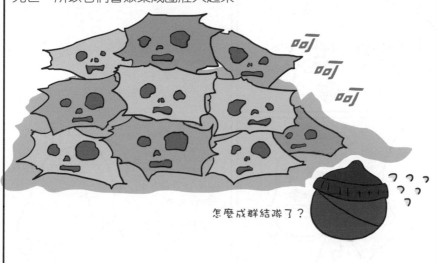

癌細胞大到免疫系統無法控制的程度時，我們就會罹患癌症。

1951年一名女性被告知罹患子宮頸癌。

博士……!!

我想做研究……

細胞已死掉的培養皿

當時實驗室裡的細胞過沒幾天就會全死光，所以很難進行研究。

你這小子不做實驗在幹嗎？

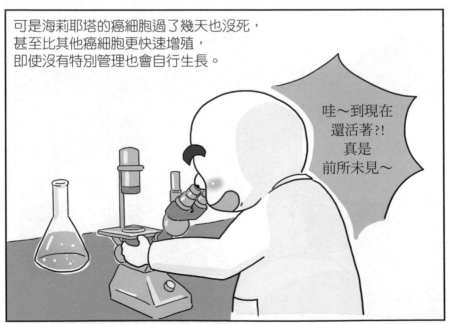

可是海莉耶塔的癌細胞過了幾天也沒死，甚至比其他癌細胞更快速增殖，即使沒有特別管理也會自行生長。

哇～到現在還活著?!真是前所未見～

這細胞取自她的名字，叫「海拉細胞」。

# Henrietta Lacks

雖然海莉耶塔在8個月後過世了，但是永生不死的海拉細胞，開始被提供給全球生物實驗研究使用。

1952年美國小兒麻痺大流行，造成許多孩童死亡或雙腿癱瘓。
小兒麻痺是一種感染脊髓灰質炎病毒的傳染病。

因為開發疫苗，
所以需要使用猴子的細胞
來製造更多的
脊髓灰質炎病毒～

喬納斯・沙克博士

可是
一直犧牲猴子
也不是辦法啊……

是因為覺得
可憐？

不是，
是猴子太貴……

海拉細胞輕易就感染了脊髓灰質炎病毒，
對大量生產及開發疫苗有很大的幫助。

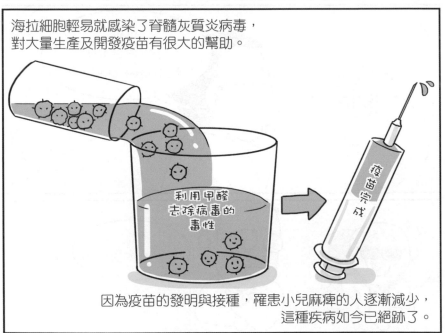

因為疫苗的發明與接種，罹患小兒麻痺的人逐漸減少，
這種疾病如今已絕跡了。

1954年，工廠開始生產與販售海拉細胞。

1984年科學家透過海拉細胞發現，
誘發子宮頸癌的是第18型人類乳突病毒。

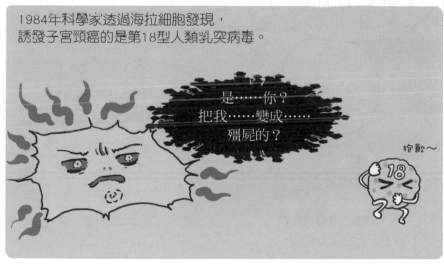

楚爾郝森博士的
貢獻備受肯定，在2008年
獲得諾貝爾生理醫學獎。

之後，子宮頸癌成為唯一有疫苗可以預防的癌症。

驕傲

我建議這疫苗要在首次性行為前接種。

萌萌的年紀最合適了。來吧～

我是男生也要打嗎？

不想一輩子單身的話，打一下會更好吧？

為……什麼？

是在明知故問嗎？

與細胞老化有關，
位在染色體末端的「端粒」

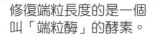

修復端粒長度的是一個
叫「端粒酶」的酵素。

變長吧～

端粒酶

原來你是
靈芝啊

永遠不缺端粒的龍蝦，
理論上是長生不老呢！

海拉細胞不會死的原因，
也是因為它的端粒酶活性強。

你也跟龍蝦一樣美味嗎？
可以舔一口嗎？

呀啊！

此外，人們也透過海拉細獲得許多優秀的研究成果。

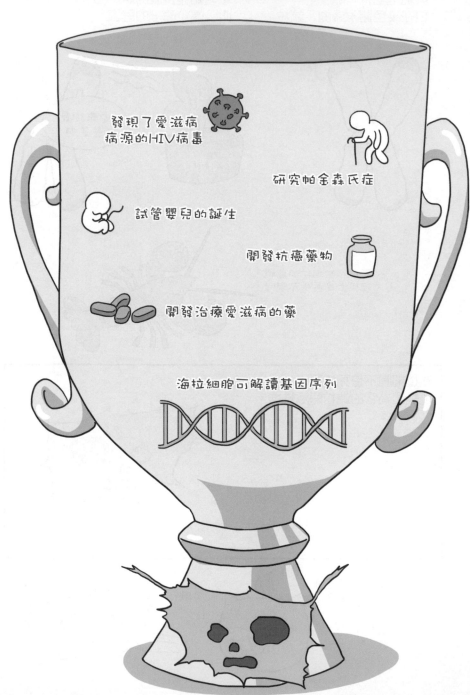

發現了愛滋病病源的HIV病毒

研究帕金森氏症

試管嬰兒的誕生

開發抗癌藥物

開發治療愛滋病的藥

海拉細胞可解讀基因序列

約翰霍普金斯研究團隊在未取得海莉耶塔
同意的情況下，便培養了她的細胞。
因為當時研究倫理還不完善，所以發生了很多類似的事情。

原來那些企業利用
我媽媽的細胞賺了很多錢，
但我們家依然
窮到沒有健保。

海莉耶塔與她家族的故事也被出版成書，
並拍成電影，讓人們意識到研究倫理的重要性。

為了迎接海莉耶塔過世70週年，
2021年設立了她的銅像，
世界衛生組織授予她總幹事獎。

英國布里斯托大學的
海莉耶塔銅像

還有一些企業捐獻了
使用海拉細胞的費用。

海莉耶塔財團

海拉細胞已生產了5,000萬噸，並用於全球各地，現在也擴大使用到
生物物理學、細胞物理學等更細的領域。

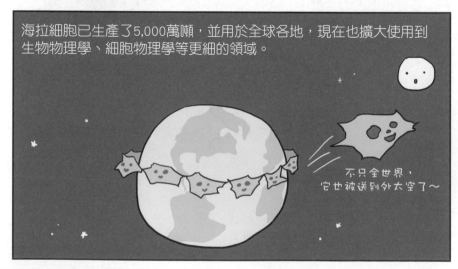

不只全世界，
它也被送到外太空了～

韓國也使用了很多，
我曾在浦項大學生物物理系實驗室裡，
親自用顯微鏡觀察海拉細胞。

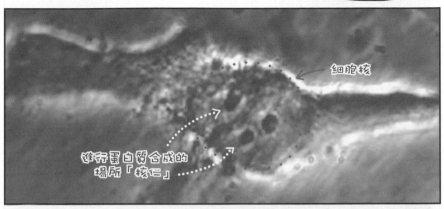

細胞核

進行蛋白質合成的
場所「核仁」

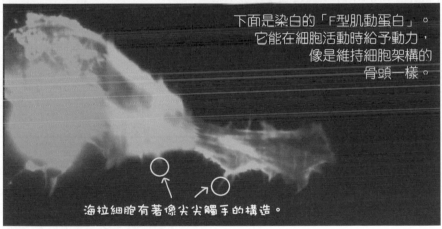

下面是染白的「F型肌動蛋白」。
它能在細胞活動時給予動力，
像是維持細胞架構的
骨頭一樣。

海拉細胞有著像尖尖觸手的構造。

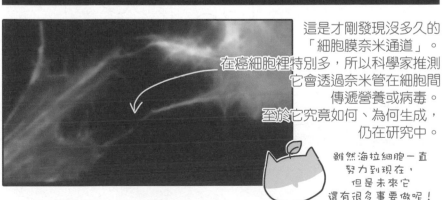

這是才剛發現沒多久的
「細胞膜奈米通道」。
在癌細胞裡特別多，所以科學家推測
它會透過奈米管在細胞間
傳遞營養或病毒。
至於它究竟如何、為何生成，
仍在研究中。

雖然海拉細胞一直
努力到現在，
但是未來它
還有很多事要做呢！

43

現在基因工程很發達，除了海拉細胞以外，
還有其他也會一直分裂的永生細胞。
即便如此，由於海拉細胞用於研究的時間已久，可信度也高，
所以它是現在最常被使用的永生細胞。

因為我，
才有11萬件專利、
7萬篇論文喔！

像是有個叫U87MG的腦部永生細胞受到廣泛研究，
相關論文有2,000多篇。
然而，50年後才揭露這個永生細胞及其基因
早已產生變異了。

 經過多次分裂，
基因早已變異，
只是沒人發覺。

論文的
可信度

某實驗室的永生細胞

它們只要
分裂20～60次
就會掛掉

5年的老屁股永生細胞

喂！你幾歲？

70歲

啊……您真長壽

嗯，我長生不老

海拉細胞雖然是害死海莉耶塔的癌細胞，
但是它不死的能力做出了貢獻，救活了許多人。

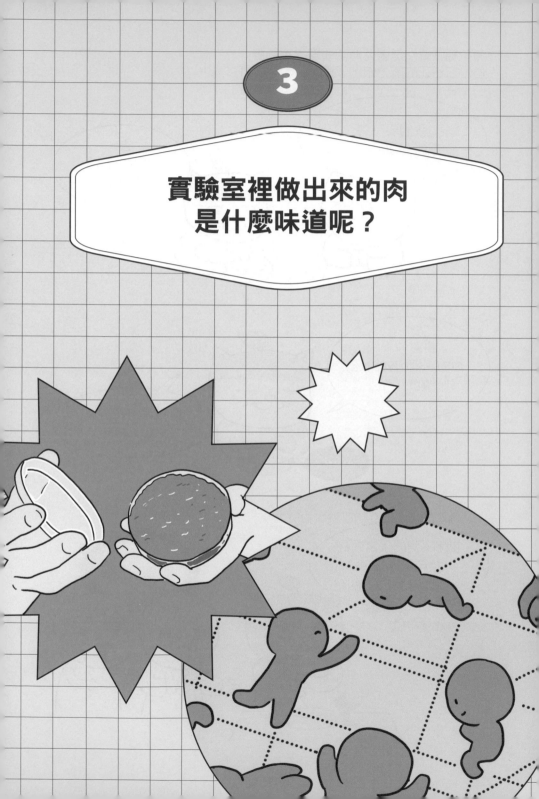

這裡的雞過得很幸福。

沒有籠子，還可以盡情玩耍的放牧環境

餵雞吃天然無害的飼料

接受獸醫的檢查

真對不起雞，我的淚水都從嘴巴流出來了。

● ● ● ● ● ● ● ● ● ● ●

所以有些人基於道德因素而不吃肉呢。

可是食物吃剩有罪，我先吃了

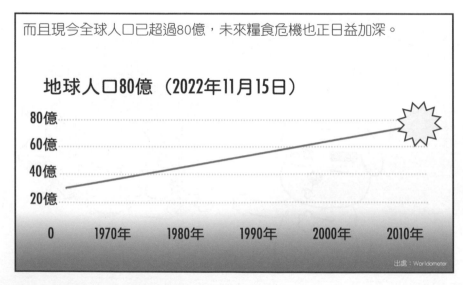

而且現今全球人口已超過80億，未來糧食危機也正日益加深。

### 地球人口80億（2022年11月15日）

| | | | | | | |
| 80億 | | | | | | |
| 60億 | | | | | | |
| 40億 | | | | | | |
| 20億 | | | | | | |
| 0 | 1970年 | 1980年 | 1990年 | 2000年 | 2010年 | |

出處：Worldometer

因為人們偏好肉食啊！

情緒低落時
就要吃肉肉～

好吃有罪的話，
肉是無期徒刑！

我們必須飼養許多的牛隻與豬群因應市場需求，為此也需要
非常多的水與飼料。

如果餵16公斤的飼料

可得到
1公斤的牛肉

飼養牲畜所排放的碳，是造成全球暖化的原因之一。

噗

噗

叭

我怎麼那麼熱？

因此，為了糧食的永續，許多企業投入「人造肉」的開發。

植物性蛋白質
做得像肉一樣呢～

漢堡

香腸

雞塊

肉丸

也有不少擔心氣候變遷或糧食危機的名人投資。

比爾·蓋茲

比真的肉還好吃，
絕不是因為我有投資
才這麼說的。呵～

李奧納多·
狄卡皮歐

如果這些錢能阻止
氣候變遷的話～

現在超市或餐廳
也會販賣肉類替代品。

要吃看看嗎？

咻

可它是帶著
肉類假面的
植物啊～！
而且還比
真的肉貴！

切，我討厭挑嘴的人類

而且這種素肉，我也吃膩了。

炸醬麵

짜파게리

炸醬麵和素菜包裡的素肉，
我已經吃一輩子了！
一點都不新奇～

居然
不是肉……

它不是只有植物肉而已，
當然也有人造的真肉～

荷蘭在2013年全球首創，
使用真肉細胞培養出漢堡排。

這一塊漢堡排超過
新台幣970萬元！
（＝研究經費）

我在90年前曾預言，
以後可以培養
想吃的肉類部位～

溫斯頓・邱吉爾

新加坡在2020年成為全球首個
批准販賣人造雞塊的國家。

新加坡餐廳販賣售價美金23元的雞塊

是因為新加坡90%的糧食
依賴進口，所以他們才
大力推動的吧？

人造肉
到底是怎麼做的？

當然是用心
做的啊！

現在有很多人造肉公司，
我們直接去韓國的
SeaWith公司看看
肉是怎麼長出來的吧～

實驗室

可將溫度控制在37度、碳排放5%
的細胞培養箱。

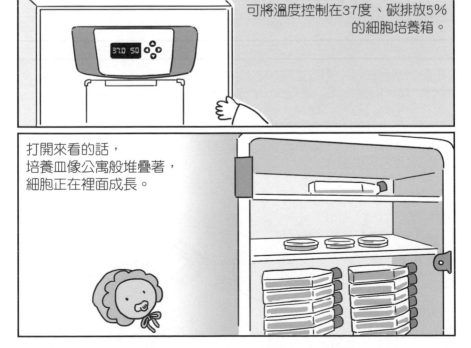

打開來看的話，
培養皿像公寓般堆疊著，
細胞正在裡面成長。

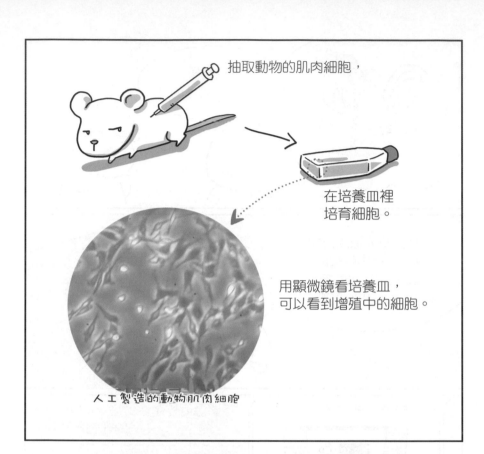

抽取動物的肌肉細胞，

在培養皿裡
培育細胞。

用顯微鏡看培養皿，
可以看到增殖中的細胞。

人工製造的動物肌肉細胞

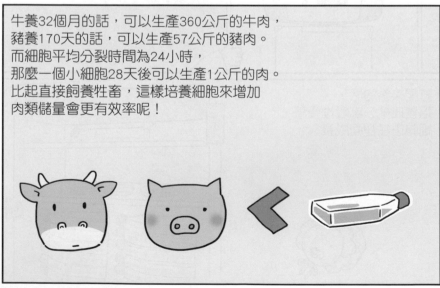

牛養32個月的話，可以生產360公斤的牛肉，
豬養170天的話，可以生產57公斤的豬肉。
而細胞平均分裂時間為24小時，
那麼一個小細胞28天後可以生產1公斤的肉。
比起直接飼養牲畜，這樣培養細胞來增加
肉類儲量會更有效率呢！

但是使用一般的培養皿無法製造肉類，
因為在二次元平面裡所能製造的細胞產量非常少喔！

只會黏在盤底的細胞

因此要將細胞放在
可以往三次元生長的
支架裡培養。

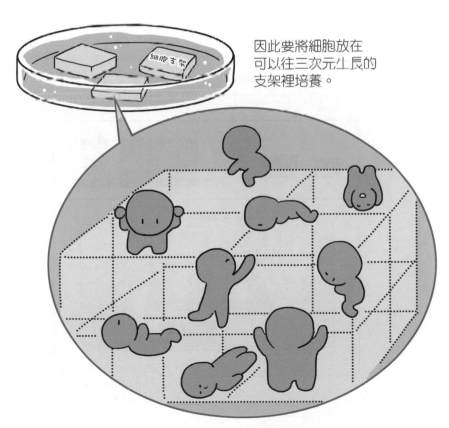

SeaWith使用海帶製作了支架，
所以連支架都可以食用喔！

各式各樣的支架

接著是將肌肉細胞放入可以製成
肌肉組織的生物反應器。

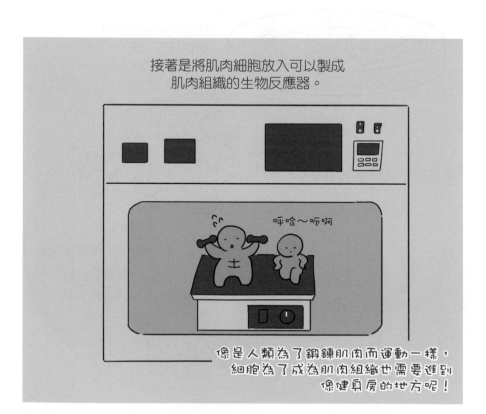

像是人類為了鍛鍊肌肉而運動一樣，
細胞為了成為肌肉組織也需要進到
像健身房的地方呢！

受到刺激後
長大1mm的
肌肉組織

若把支架放入
培養皿乙週後，
就會成為這樣的肉。

看起來像
膠原蛋白乀？

這是因為
現在細胞數量
還太少了。

老闆

那使用像海拉細胞
一樣的永生細胞，
不就能快速增殖嗎？

對，但是人們
會不想吃的。

再怎麼說
也是癌細胞嘛！

老闆

不只牲畜肉類，現在也能培養海裡的鯨魚、鯊魚、海鮮等魚肉。
如果能藉此減少過度捕撈的話，我們就能打造乾淨又健康的海洋了。

如果人造肉可以更便宜的話，
大家會想吃哪一種肉呢？

1880年時的英國，有一名男子執著於統計。

記錄狂 →

他旅行時，會為當地路人的外在魅力評分，並記錄下來。

哇～

他標記了哪些地方有很多好看的人，並繪製成地圖。

顏值地圖

他的座右銘是「可以的話，把所有事都記錄下來」。
他記錄了祈禱次數對壽命有怎樣的影響，

記錄後我發現，
信仰虔誠的人，
比無信仰的人
要更早死へ？

也記錄了人們坐著時一直亂動的次數。

請好好享用～

設置了壓力感應器

真是有夠
無聊的記錄～

但也有很多
有意義的記錄。

他還記錄了人體各部位的長度、厚度等，建立了人體測量學的方法。
還發現每個人的指紋都不一樣，並出版了《指紋》一書。

不可能有另一個跟自己指紋一模一樣的人。

FINGER PRINTS

BY
FRANCIS GALTON, F.R.S. ETC.

也幫了當時的犯罪搜查一個大忙。

犯人就是你呀！
高爾頓，謝謝你～

他也收集了全歐洲相關的氣候資料,將其製成圓形的近代天氣圖。
在這過程當中,他還發現了高氣壓、低氣壓。

← 最早刊登在報紙上的
高爾頓天氣圖

這人就是英國的遺傳學家
兼優生學創始人
「法蘭西斯・高爾頓」。

含著金湯匙出生
當然聰明～

1822-1911

就是你嗎?
把地球科學考試範圍變寬的人?

高爾頓雖然考上醫學系，但他覺得要學太多東西太累了。
當時沒有麻醉藥，每次手術時都得目睹病人痛苦的表情，
曾一度導致他自律神經失調。

年輕時與父親生死離別，獲得龐大遺產後⋯⋯

在讀了表哥寫的《物種起源》後，在人類進化上獲得啟發。

他開始收集數據。

但是當時還沒有具體的遺傳法則可作為依據，
所以他無法回答是什麼造成了遺傳。

**另一方面，奧地利某修道院**

在圓滾滾的豌豆裡發現顯性基因，
而乾扁的豌豆相互交配時，
才會出現隱性基因～

孟德爾神父，
今天又是豌豆料理嗎？
唉⋯⋯

1866年孟德爾發表了遺傳法則，但沒有廣為人知。

不是很敢
主動提起的人→

沒關係

拍拍

拍拍

孟德爾發現了2種不同型式的遺傳因子，
並將顯現可能性最高的稱為「顯性」，最低的稱為「隱性」。

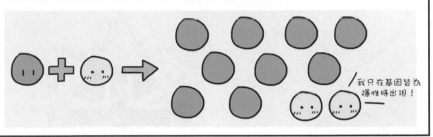

綠色豌豆　黃色豌豆　　並不會產生混色後的淺綠色

我只在基因皆為
隱性時出現！

順帶一提，禿頭
是顯性因子。

原來不是因為
強勢而叫顯性、
劣勢而叫隱性啊。

隱性因子不代表
就不會禿頭，
還是會傳到下一代

同時想要發表類似的遺傳法則論文的科學家們

啊！35年前孟德爾
已經發表過論文了？

1900年時，孟德爾的遺傳法則開始受到矚目，
優生學也受到世人注意。

高爾頓主張必須將其用在人類改良上，而掀起很大的潮流。
當時許多科學家也贊同他的想法。

大自然會促使人類進化。
但是以優秀的基因誕下子孫的話，
就會有更多優秀的人才出現，
也能使國力上升！

但　是

高爾頓的優生學卻招致了
毀滅性的後果。

人們瘋狂到不再只追求優秀基因，
而是極端地想消滅所有劣等基因。

1920年代，美國根據優生學而頒布白人不得與其他種族結婚的禁令。
有些州甚至為了不讓罪犯、遺傳疾病患者、身障人士有後代，
而實施了強制不孕手術的「絕育法」。

不只美國，還有加拿大、歐洲等國，也因為有6萬人不符合優生學，
而遭到去勢。

優生學在德國變成了種族優生學。第二次世界大戰時，希特勒主張正統德國人的優越與繁榮，而將屠殺猶太人的恐怖行為正當化。

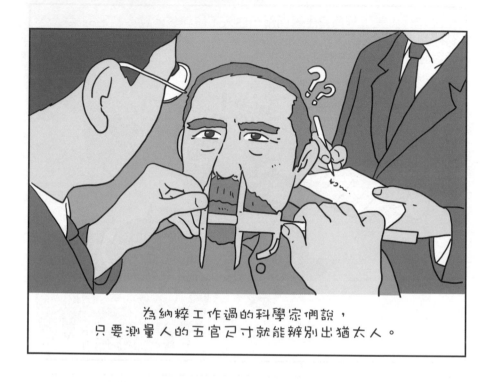

為納粹工作過的科學家們說，
只要測量人的五官尺寸就能辨別出猶太人。

他們上
倫理課時，
全都在
睡覺嗎？

萌萌崩潰了，
人類野蠻史就說到這裡吧

因為優生學衍生出更多的社會問題，
所以它已是一門被棄絕的學問。

如今基因工程很先進，讓我們知道人類的特徵不是只靠幾個基因，而是許多基因交互作用下決定，所以基因不分好壞呢！

之後基因工程研究都視優生學的黑歷史為負面教材，並制訂許多規範，以確保研究在符合倫理下進行。但還是會出現一些爭議。

2018年11月，中國的賀建奎教授發表他成功讓一對愛滋免疫的「基因編輯雙胞胎」誕生，掀起全球輿論，並被判處3年有期徒刑。

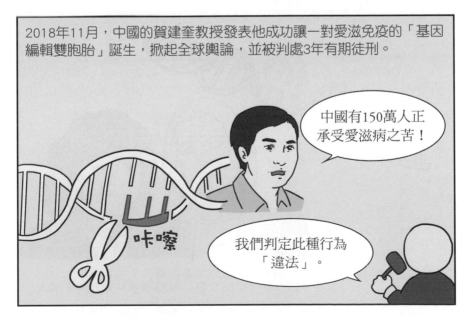

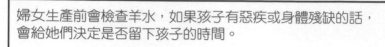

婦女生產前會檢查羊水，如果孩子有惡疾或身體殘缺的話，
會給她們決定是否留下孩子的時間。

為了孩子，看來
要再多等一下。
謝謝你給我時間
做好心理準備。

我承受
不了……

如果是有基因疾病的配偶，
他們可以選擇植入最好的胚胎，
但是檢查胎兒與選擇胚胎，究竟哪個階段
起算是生命體，至今仍有爭議。

從受精開始？

從聽到
胎心音開始？

現在最熱門的研究是「CRISPR基因剪刀」技術，
它為生命科學帶來革命性影響，
未來有望使用在開發新型癌症治療藥物及治療基因疾病上。

只編輯想修改的
DNA部分

研發「CRISPR基因剪刀」技術，
並在2020年獲得諾貝爾化學獎的道納以及夏彭提耶

但是，因為我們還無法確定改變基因時，
會對其他基因產生怎樣的作用與問題，
甚至對後代會造成怎樣的影響，
所以目前禁止編輯非屬體細胞的生殖細胞基因。

賀建奎教授之後
因編輯生殖細胞而遭到判刑，
現在杳無音訊。

基因編輯
可行的話，
你想改變什麼？

我想把自己
改造成不睡覺也行，
這樣就能一直玩了～

我沒關係～
身體髮膚受之父母，
我不想毀損

只有我是壞人嗎？

基因研究日後也會更加進步發達，
所以還需要更充分地討論它對社會
造成的正負面影響。

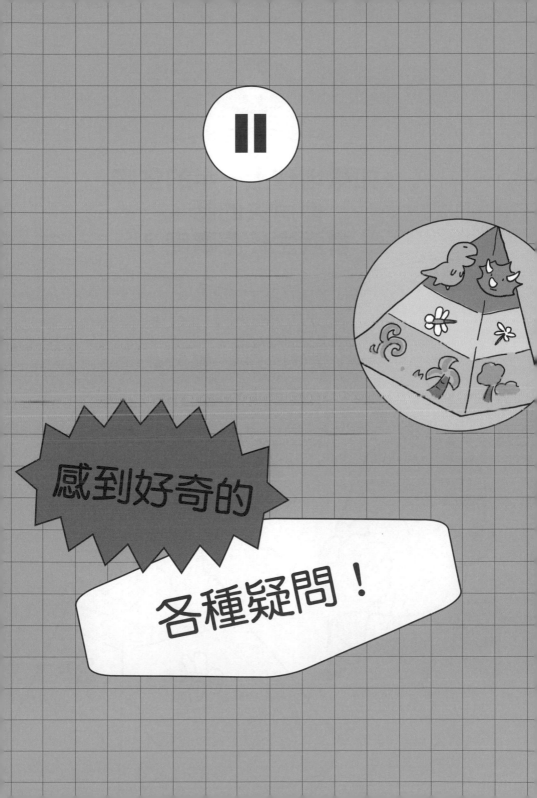

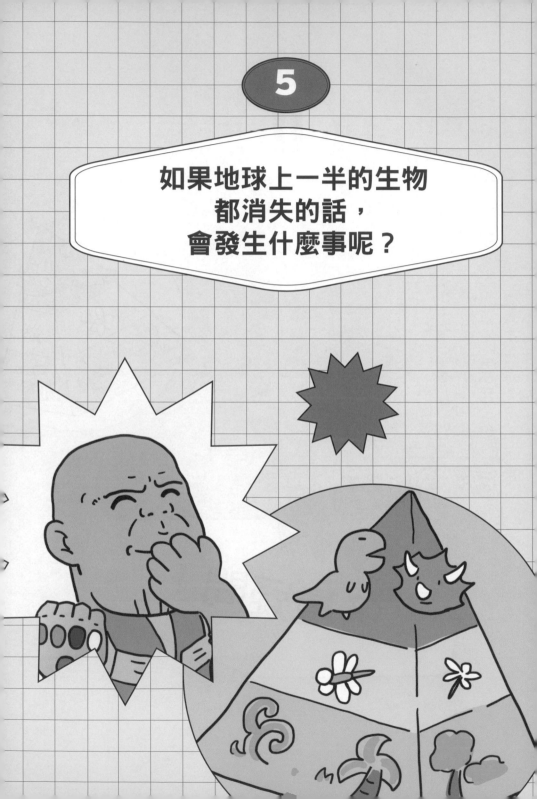

當然，新增的生物大部分都是人類。
現今全球人口已超過80億人了喔！

### 全球人口即時統計（2022年11月21日）

| | |
|---|---|
| 8,001,045,307 | 現在全球人口 |
| 119,090,518 | 今年出生人口 |
| 151,365 | 今日出生人口 |
| 59,635,018 | 今年死亡人口 |
| 75,856 | 今日死亡人口 |
| 59,455,705 | 今年增加的人口 |

出處：Worldometer

這些增加的生物會因為
用光了有限的資源而迎來末日，
所以有人想消滅全宇宙一半的生物，
這就是電影《復仇者聯盟3》的背景設定。

既然有那麼厲害的能力，
就拿去增加資源啊～
幹嘛殺人!!

呃，這只
電影而已～

從歷史來看，
減少人口的主張，
並非無稽之談。

成吉思汗征服全世界時，
在亞洲與歐洲屠殺了
4分之1的人口。

我來送炭了～
有人在嗎？

啊～
沒人在啊！

咔

因為大屠殺減少了人口，取暖用的煤炭使用量也驟減，
據說當時二氧化碳的排放量減少了7億噸。

根據卡內基研究所與普朗克研究院的研究，
地球溫室效應因此延後了200年才發生。

意外成為友善環境
戰士

其實我沒那個意思……

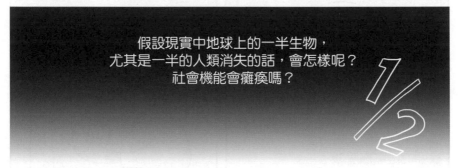

假設現實中地球上的一半生物，
尤其是一半的人類消失的話，會怎樣呢？
社會機能會癱瘓嗎？

1/2

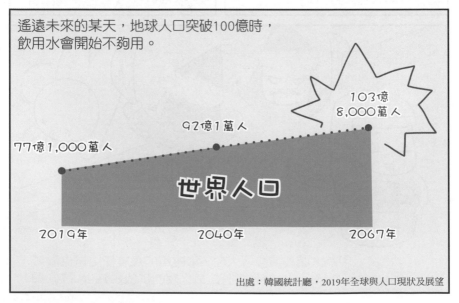

遙遠未來的某天，地球人口突破100億時，
飲用水會開始不夠用。

103億
8,000萬人

92億1萬人

77億1,000萬人

世界人口

2019年　　　　2040年　　　　2067年

出處：韓國統計廳，2019年全球與人口現狀及展望

雖然人類靠核能、太陽能與風力等再生能源苦撐著，但是石油枯竭還是導致能源使用費開始上漲。

表演到一半，薩諾斯出現了，全球一半的人口，即50億人消失了。

那這樣會發生很多的問題。
首先，司機消失會發生交通事故。

但是，如果沒有開啟自動駕駛的話，
飛機有可能會墜落。

因為汽車與飛機發生事故造成人命傷亡，
所以交通系統會崩潰。
消防車與救護車緊急出動時會很麻煩，
急需滅火或手術的人們會變得很絕望。

食材也會有好長一段時間難以供應。
比起大都市，鄰邊地區會先出現哄抬物價的現象呢！

> **完成回覆** 我的訂單…… 我的訂單還不…… 來……
>
> 　　　我送出訂單已經第3天了……
> 　　　家裡食物都沒了……
> 　　　我都快餓死了……
> 　　　是還在準備東西呢……
> 　　　還是正在種呢……
> 　　　肚子一直發出咕嚕咕嚕聲……
> 　　　如果肚子一直叫的話，我會被笑的……
> 　　　會被取笑的話，我就不想出門……
> 　　　不出門的話，會被炒魷魚……
> 　　　被炒了的話，我會結不了婚
> 　　　結不了婚的話，我會孤獨死……
>
> 　└ **賣家回覆** 好的客人，
> 　　　　　　　我們會盡可能地快點送達^^

從國家的角度來看，像是總統、副總統、部長等這些為國家工作的公務員消失的話，國家會陷入無政府狀態。無政府狀態下，社會秩序的安定與否會決定災難的大小。

韓國曾有過類似案例，所以不用太擔心。

蠟燭不燙嗎？

是LED蠟燭

產業設施會遭受衝擊，股市、金融圈也會被波及。

不過我有經驗，在新冠肺炎初期時，投資損失達到一半之後，經濟會復甦，就能賺回來了！投資吧！

跟你的野心相比，你的餘額很少ㄟ？

存摺

如果薩諾斯的目標只鎖定人類的話，
人類社會只會暫時崩潰。
只要能撐過初期的大混亂，
就能重建都市，人口也會增加。
而勞動力不足，會更加速自動化機器人、
人工智慧的發展。

人類，請快點找我工作

萬一薩諾斯的目標也包括動植物的話該怎麼辦？
最最嚴重的問題是滅絕危機。
本來就所剩無幾的一些瀕危物種，
可能會加快牠們的滅亡。

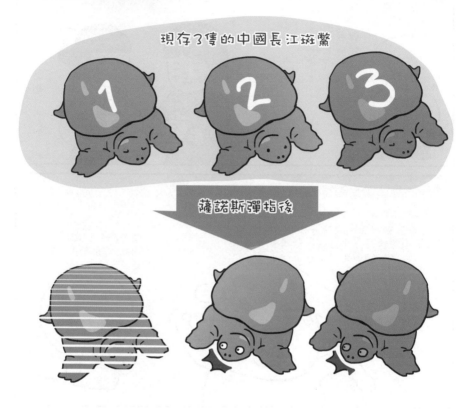

現存3隻的中國長江斑鱉

薩諾斯彈指後

地球現在只剩我們兩個了！
我們要開始努力
繁殖後代～！！

哥……我們都是公的

牲畜動物反而沒什麼滅絕危機，因為牛、豬、雞、羊等被人類大量飼養，所以數量很多，繁殖力也很強，牠們很快就能恢復正常數量。

像老虎、鯊魚、鯨魚等位在食物鏈高層的動物的繁殖力很弱，如果牠們的數量減少一半，下層的獵物數量會爆增，並為生態帶來危機。

有一個例子是1958年在中國發生的「除四害運動」。

消滅
這4種
有害物種！

把殘害農作物的麻雀也消滅吧！

中國大力推動除四害運動，短短1年，
中國消滅了20億隻的麻雀。

滿意

中國人很驕傲能成功殲滅害蟲。
隔年收穫了許多農作物，頗有成效。

但是2年後急增的蝗蟲軍團吃掉了所有農作物，
開啟了中國史上最慘烈的大飢荒時期。
學者推測當時飢荒造成約3,000萬人死亡。

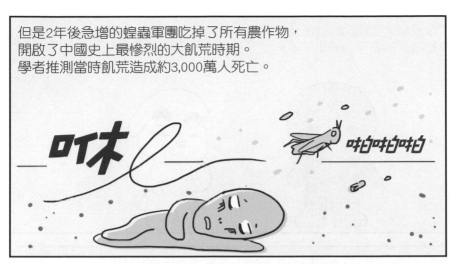

中國從蘇聯與加拿大引進麻雀，
並將4大害蟲裡的麻雀換成了臭蟲。

如果微生物消失一半的話，
也可能發生看不見的危機。
雖然有不少具威脅性的細菌、病毒，
但是也有很多對動植物有益的菌。

像乳酸菌這種腸道益菌消失的話，可能會使我們的健康惡化，
造成其他微生物減少，並改變我們體內的微生物環境。

成人體內
約有2kg
的微生物

不過這樣就能
馬上瘦1kg耶？

微生物可以維持土壤中的氮含量，如果消失一半的話，
植物會因為缺乏氮而慢慢枯萎。
另外，幫植物受精的蜜蜂、蝴蝶、蝙蝠也會消失一半，
牠們的繁殖速度也會大幅減緩。

別死～
我餅乾包裝裡的
氮讓你吃！

我不要。
給我土裡的
固氮生物！

不過，幸好昆蟲與微生物的
繁殖能力超級厲害，
所以牠們／它們能馬上重建
自己的生態系統。

只要牠們／它們復甦，植物界也會開始復原，
接著草食動物、肉食動物會慢慢增加。
當然這個過程中也會有一些物種滅絕，
或許之後的生態系統會變得與原本不一樣。

例如恐龍滅絕了，
哺乳類接替了
牠的位置

人類在重建都市與社會時，
大自然會比任何時候更加繁榮。
因為到時大自然所受的破壞，
會比人口有100億時更小。

可以為我
實施人類減半
計畫嗎？

呃，這個我們有點難辦⋯⋯

我們就省著點用，一起長長久久吧！

拜拜～

tn

師父,您怎麼
停下腳步了?

我差點殺生了,
我們靠邊走吧。

好~
您真慈悲。

嗡嗡

打呼

啪

老天!

嗯……
真的是……
蚊子

各位曾在夏天與蚊子的戰爭中贏過嗎?

全世界各地都在對抗蚊子。
蚊子不只常見於高溫潮濕的國家，

瘧疾、登革熱危險地區

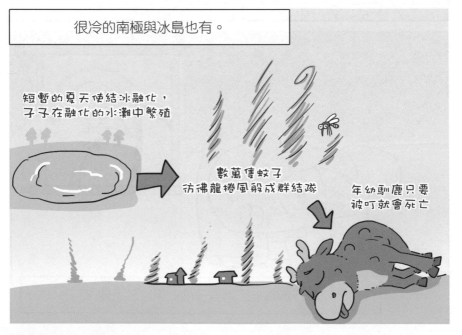

很冷的南極與冰島也有。

短暫的夏天使結冰融化，
孑孓在融化的水灘中繁殖

數萬傳蚊子
彷彿龍捲風般成群結隊

年幼馴鹿只要
被叮就會死亡

蚊子在吸血的同時，
會注入細菌、病毒，讓我們的身體遭到感染。

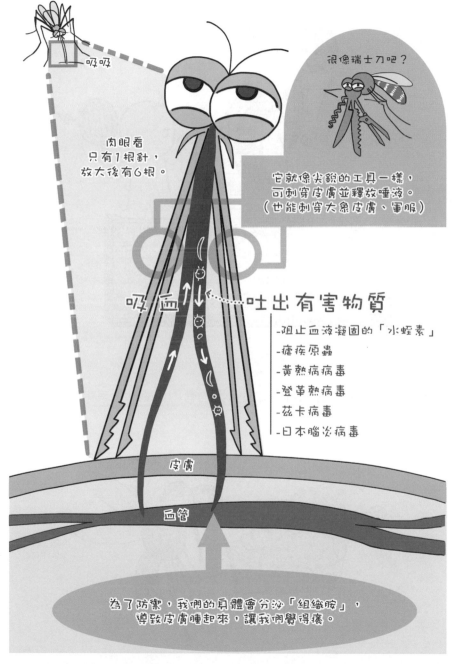

吸吸

肉眼看
只有1根針，
放大後有6根。

很像瑞士刀吧？

它就像尖銳的工具一樣，
可刺穿皮膚並釋放唾液。
（也能刺穿大象皮膚、軍服）

吸 血 → ←⋯⋯ 吐出有害物質

-阻止血液凝固的「水蛭素」

-瘧疾原蟲

-黃熱病病毒

-登革熱病毒

-茲卡病毒

-日本腦炎病毒

皮膚

血管

為了防禦，我們的身體會分泌「組織胺」，
導致皮膚腫起來，讓我們覺得癢。

蚊子所散播的疾病，為許多動物帶來危害。
以人類為例，每年就有100萬人因蚊子而死亡。

有研究報告推算，至今為止死亡的人類約有1,100億人，其中有一半是
蚊子造成的。

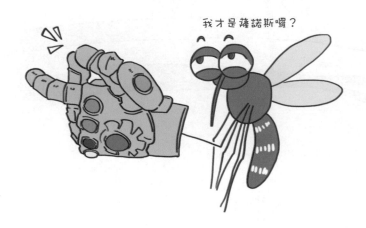

從西元前雅典、古希臘開始，再到羅馬帝國、發現新大陸，直到近現代戰爭，都可見蚊子的影響力。

天狼星

天狼星出現了，看來夏天到了呢！

感冒又要開始流行了。

要加班了……

夏季和秋初時期盛行瘧疾，以前古人認為它是起因於髒空氣。

凶手是我，瘧蚊♀。

18世紀末曾想征服美國的拿破崙，派遣軍隊到黑奴掀起叛亂的海地。

鎮壓叛亂，進攻美國！

我的字典裡沒有不可能

海地

然而，他的計畫因為黃熱病而化作泡影。

有黃熱病抗體
的黑人奴隸

傳遞黃熱病
病毒的
埃及斑蚊

撤退！
撤退！

第二次世界大戰當時，
在太平洋與遠東地區都爆發瘧疾，
許多部隊因感染瘧疾死亡的人數，比戰死人數要更多。

美軍分給士兵預防瘧疾的藥「阿滌平」

吃那個藥會陽痿，
會不孕的。

吐

嘔
嘔
嘔

日軍散播的假消息曾使美軍一度不敢服藥。

目前全球有110兆隻蚊子，約有3,500種，
其中只有6%會吸血，剩下的都以蜂蜜或水果為食。

韓國的克氏巨蚊
就是益蟲。

真漂亮

牠在幼蟲時期會吃下其他
帶有傳染病的孑孓。

絕不原諒那些
殘害百姓的人

牠只吃蜂蜜。

今年的貢品
真優啊！

我也來幫忙授粉。

把花粉傳遞到
更遠的地方，
讓更多百姓受惠吧！

爽啦！
打到蚊子了！

完全沒在聽的吉龍

啪

啊

他在幹嘛……

嗚啊！
國王溺斃！！！！

103

科學家長久以來致力於研究如何驅除蚊子。

以前會去蚊子產卵的地方噴藥。

都不知道是殺蟲劑，還很開心地跟著跑。

現今已開發出可預防蚊子傳染病的疫苗。

你都長大了，可以自己一個人來醫院。

還早呢！

緊握

Minani先生，該你打針了。

不要～

都多大了，真是的！

最近有人嘗試透過基因工程技術消滅蚊子。

只有產卵期需要營養的母蚊子
會吸血。
科學家編輯雌性幼蟲的部分基因，
將牠們變成無性別的蚊子。

基因改造

因為牠們成熟後不會繁殖，
所以蚊子數量會大幅減少。

不要喜歡我喔！

你怎麼會
長那樣？

啊！？
難怪啊～

怎了？

科學家一定把我周遭的人
的基因改造了！
他們都不想跟我戀愛！

那個，難道不
是因為你沒有
魅力嗎？

什麼?!基因被改造的話，
在異性眼中會變得
沒有魅力？

疙瘩～

太可憐了，
別再想了……

巴西聖保羅州進行了一項實驗，他們放出了一種「基改蚊子」，當繁衍成功時，其幼蟲會自然死亡。過了段時間，該地區的蚊子減少了92%。

如果這種技術導致蚊子滅絕的話，會怎樣嗎？
生態會發生什麼問題？

科學家有正反兩種意見。

生活在水中的孑孓本就是魚群常見的食物。

如果蚊子滅絕的話，魚的食物會稍微減少。

蚊子還能幫植物授粉，
但是也有不少生物可以取代牠。

蜂蜜拿鐵，
我來囉～

反對消滅蚊子的部分人士，引用了馬爾薩斯的《人口論》，提出假說
表示，蚊子散播疾病有助維持人類與動物一定的數量。

人口爆增的話，貧窮
與飢荒會隨之而來。

是我喜歡的風格～

人口

糧食

馬爾薩斯

尤其是放出基改蚊子的話，
可能會導致變異的蚊子出現。

不過，蚊子如果真的滅絕的話，好像優點更多。這樣一來，在蚊蟲猖獗、環境惡劣的地區，孩童的死亡率會急速降低。為此，比爾·蓋茲等名人正以捐款等各種方式努力協助。

如果基因工程技術變得更加先進，
在變種蚊子出現前就能先把牠消滅的話，
是否能盡可能地降低生態的混亂呢？

好傷心

大家都希望我們滅絕啊～

牠們也是生命，這樣太過分了～

啊！話說，沒有昆蟲像你們一樣勇敢呢！

真的嗎？

還有本書很有名呢～

被討厭的勇氣

討厭

勇氣

啊～原來如此～

為了報答你的鼓勵，免費幫你針灸～

今天也為那些致力於消滅蚊子的人加油。

**7**

鳥類如何誘惑異性？

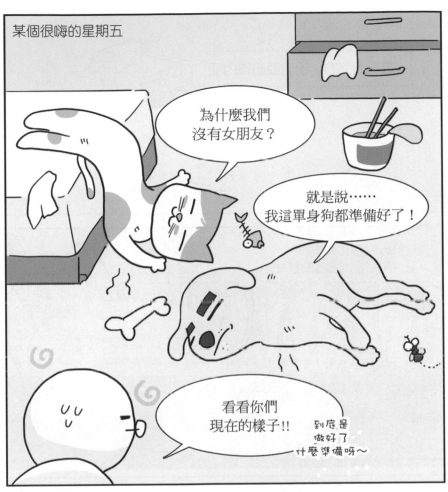

澳洲的北方，巴布亞紐幾內亞

在林葉茂盛的雨林中，
有一種長得像烏鴉的鳥。
大家好，我是阿法六線風鳥（♂），現在開始我要準備求偶。

牠努力清理掉在地上的東西。
樹葉也
咻
果實也
咻
花瓣也
咻

再次收拾好心情，練習求偶舞。

沒關係～
我還能跳舞啊！！

擺動

擺動

除了阿法六線風鳥外，
也有很多鳥會跳求偶舞。

彷彿海浪拍打般，
坐著揮舞翅膀的鴕鳥舞

母鳥和公鳥的長頸與長腿，
會優雅律動的丹頂鶴舞

摩挲摩挲

讓人聯想到芭蕾的白天鵝舞

公鳥的眼睛突然從藍色變成黃色。

猛然

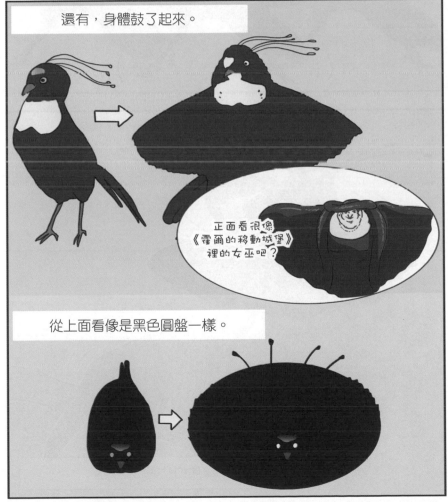

還有，身體鼓了起來。

正面看很像
《霍爾的移動城堡》
裡的女巫吧？

從上面看像是黑色圓盤一樣。

外在變身完後，牠開始展現華麗的舞步。

天啊！頭還很炫地
左右橫移～♪

咚滋

咚滋

母鳥拍動翅膀助興。

牠會跳到母鳥滿意為止。

嗯……

呼呼

最後母鳥終於滿意了。

快來快來～

?!

阿法六線風鳥，
就這樣
美夢成真了～

可是公鳥更漂亮，
為什麼只有公鳥
那麼賣力呢？

就是說咩，通常都是
好看的人更受矚目啊！

阿法六線風鳥以外，還有40種極樂科鳥，
這個科的母鳥外表較樸素，而公鳥的羽毛反而很華麗。

♀ 王風鳥 ♂

哈哈哈

側面是長這樣啊～

♀ 華美風鳥 ♂

♀ 威氏麗色鳥 ♂

♀ 大極樂鳥 ♂

因為人類覬覦公鳥的
華麗羽毛，而經常遭到獵殺。

外表越豔麗越容易被掠食者發現，動物為何會這樣演化呢？
達爾文曾說，他每次看到孔雀都感到不解。

公鳥為何要背負
那麼重的羽毛呢？
逃跑時應該很辛苦吧？

啊！比起逃離掠食者追捕，
被異性看上反而更重要？

天啊！是帥哥～

人類的由來乃
性選擇

對雄性來說，
誘惑雌性的能力
有時候更重要。

——達爾文

這種不利的進化也被解釋成「累贅理論」。

過度誇示自己在惡劣
環境下也能生存，這就是
選擇累贅的結果。

以色列生物學家阿莫茨・札哈維

我們今年一定要脫單～像極樂鳥一樣打掃！打掃！

啪啪

隆隆

像極樂鳥一樣跳舞♪跳舞♪

擁有散發魅力的外貌！

你們的努力終於有成果了！

外面有人說想見你們～

阿法六線風鳥母鳥表示有好感。

快來快來～

答案是「老鼠」，
韓國一年會使用
約300萬隻老鼠
在研究上。

這是2,500多種實驗鼠中
最具代表性的一種。

小白鼠
主要用於癌症研究，
因白化症而有白色毛髮與紅色眼珠

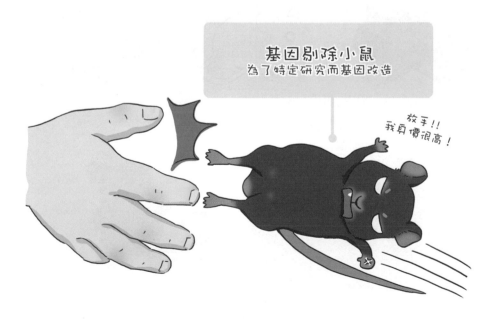

創造基因剔除小鼠既困難，也耗時。

基因改造的囊胚

注射進去
使之著床

正常鼠

嵌合體鼠

正常鼠

正常鼠

剔除部分
基因的小鼠

剔除部分
基因的小鼠

正常鼠

基因剔除小鼠
（特定基因完全剔除）

因此，牠和1隻約新台幣245元的實驗鼠不同。
基因剔除小鼠價格從新台幣幾千元到幾十萬元都有。

又小又可愛，我可以摸嗎？

嗯。

啊！被咬了！

小白鼠很溫馴，但小黑鼠很凶，牠會咬人。

那就是不能摸啊!!

晃來晃去

老鼠聽力很敏銳，請你安靜點！

你別毀了多年的研究心血～

另外，比小鼠體型再大的是「大鼠（rat）」。

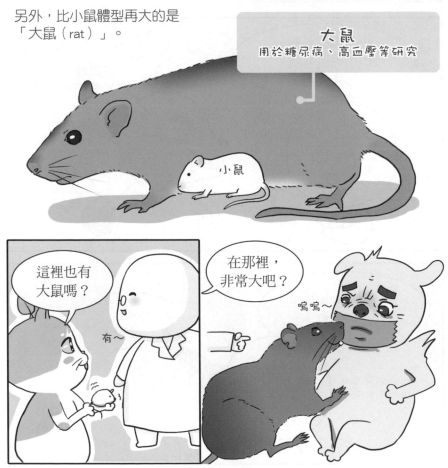

使用又短又粗的針頭注入實驗藥物。

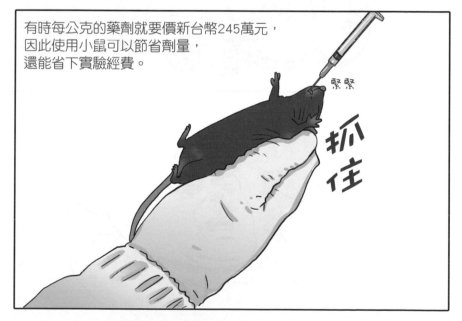

接著會讓兩隻老鼠洞房。

出生6週
的小鼠
吱吱♂

呵呵

了週後
我就有
小孩了？
哈哈哈哈

滿意

但其實他不孕，
因為做了結紮手術……

驚……
我嗎？！

當母鼠誤以為懷孕
而分泌荷爾蒙時，
公鼠的任務就結束了。

之後母鼠會接受受精卵移植手術。

因為繁殖完美的無菌鼠，
才能提高實驗的成功機率，
所以選擇進行人工授精。

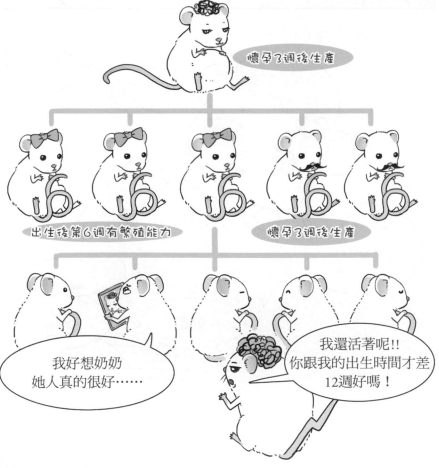

老鼠和人類的基因有80%一致，
所以老鼠也會有高血壓、肥胖、癌症、憂鬱症等疾病。

如果基因和我
100%一樣的話，
人類的繁殖力等級
應該也能滿級。

與人類基因最接近的是類人猿（98%），
但是研究牠們很費時，也難管理，因此最後大多使用老鼠。

我記得你
好好幹，哼？

抖抖抖

雖然實驗鼠的一生都在研究室度過，但也有被送上太空的老鼠。

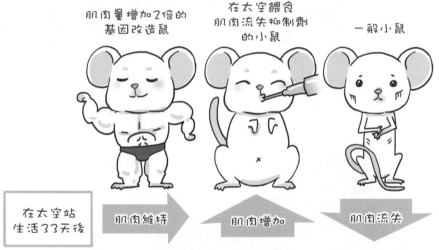

肌肉量增加2倍的基因改造鼠

在太空餵食肌肉流失抑制劑的小鼠

一般小鼠

在太空站生活了33天後

肌肉維持

肌肉增加

肌肉流失

現在上太空就不用擔心肌肉流失了吧？

沒錯，只需擔心太空旅遊費用新台幣7億元。

因為實驗動物也是很珍貴的生命，
所以研究時要遵守3R原則。

| Refinement | Reduction | Replacement |
|---|---|---|
| 動物的壓力、痛苦最小化 | 減少實驗動物的數量 | 擴增動物以外的替代方法 |

替代方法是不進行動物實驗，並尋找其他方法達成研究目的。
最具代表性的是「類器官」、「器官晶片」等。

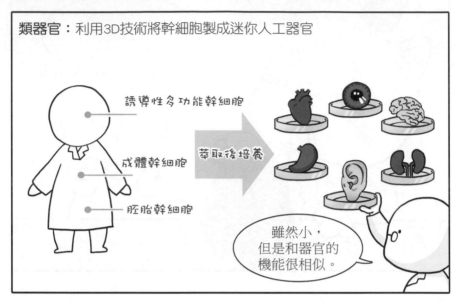

**類器官**：利用3D技術將幹細胞製成迷你人工器官

誘導性多功能幹細胞

成體幹細胞

胚胎幹細胞

萃取後培養

雖然小，
但是和器官的
機能很相似。

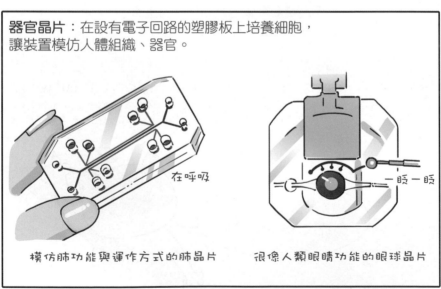

**器官晶片**：在設有電子回路的塑膠板上培養細胞，
讓裝置模仿人體組織、器官。

在呼吸

一眨一眨

模仿肺功能與運作方式的肺晶片　　很像人類眼睛功能的眼球晶片

如果這種技術能加速開發的話，
我們就能快點迎來完全不需要動物實驗的那一天。

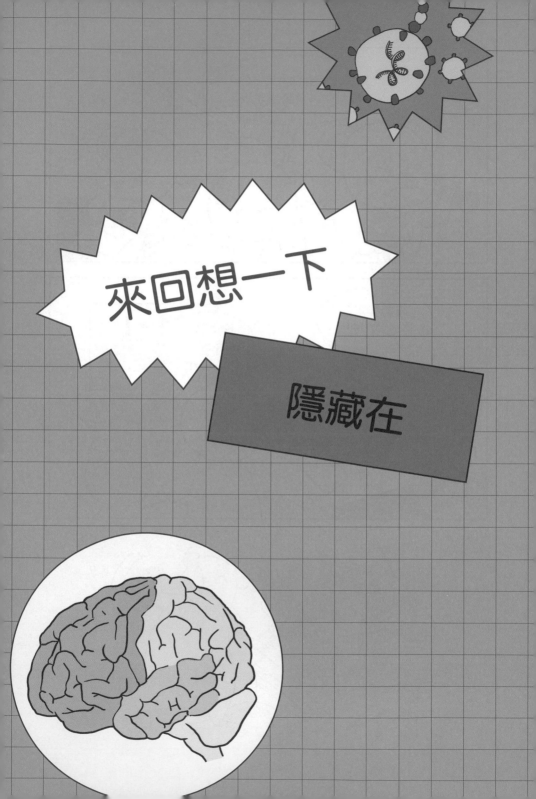

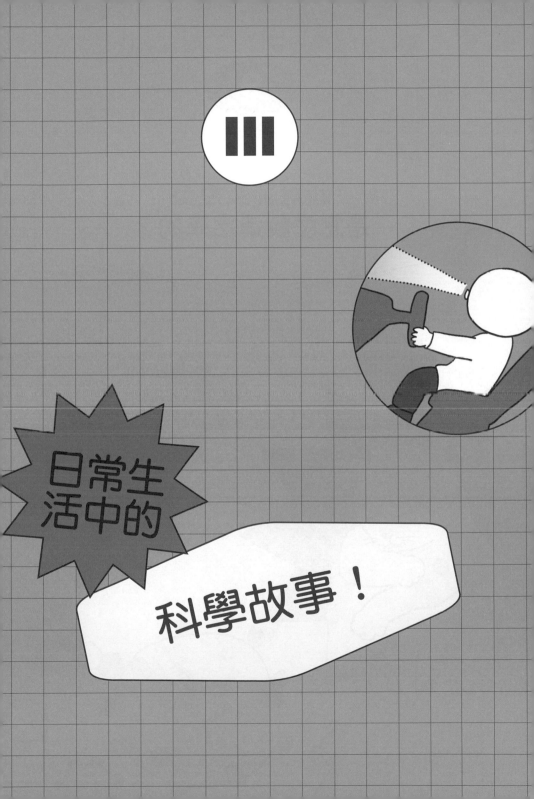

日常生活中的

科學故事！

某天這些傢伙進到我體內了。

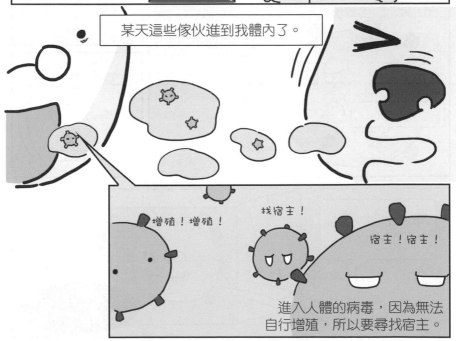

進入人體的病毒，因為無法自行增殖，所以要尋找宿主。

但是病毒
被細胞膜擋住，
無法進到細胞裡。

這時，新冠肺炎病毒會使用
有如鑰匙般的棘蛋白。

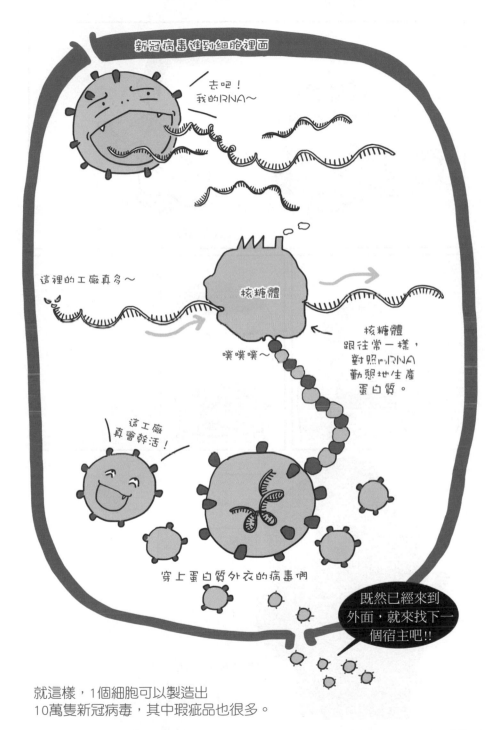

就這樣，1個細胞可以製造出
10萬隻新冠病毒，其中瑕疵品也很多。

是沒看過的蛋白質呢？

巨噬

巨噬細胞看到被病毒感染的細胞，

他會先吃看看。

巨噬

咀嚼咀嚼

NK～這傢伙很詭異，消滅他們。

叮咚

收到，OK！

NK

NK細胞
消滅癌細胞，和被病毒感染的細胞。

被感染的細胞

巨噬細胞吃下
死掉的細胞

救救我，
我們是同類啊。

你走吧。

謝謝你～

嗯？

顆粒酶

NK（Natural Killer）細胞人如其名，
是個冷酷的殺手。

巨噬細胞、NK細胞是防止病毒的先天性免疫細胞。

你做得很好～
接下來
就交給我們！

T細胞軍團登場！

T細胞只會消滅被抗原感染的細胞。

試著製造能黏在棘蛋白上的抗體吧。

抗體大量製造完成!!

滿滿

B細胞會大量噴灑有黏性的抗體在抗原上。

發射!

發射!

嗄

嗄

棘蛋白上黏有抗體的話,就無法進到細胞裡,也無法再製造病毒。

咦?我之前明明可以進去啊?

受體

鑰匙錯誤～♪

慶 趕走病毒 祝

勿忘今日的
榮耀！

如果之後新冠肺炎病毒
又進來的話

這些傢伙就是
之前的……?!

而且T細胞、B細胞
會記錄抗原。

發射抗體！發射！

T細胞！集合!!

瞬間清理完畢

因為它們記住了原本的抗原，
所以能非常快速地壓制病毒。
而疫苗的目的是讓T細胞、B細胞先接受訓練。

不過，新冠肺炎肆虐時，出現了前所未見的疫苗類型。

爺爺級疫苗

大家也
有打過
我～

1.雖然還活著，
但是是弱性病毒製成的
活性減毒疫苗

2. 使用已死的菌株
死菌疫苗

阿姨級疫苗

大家也有
打過
我～

3. 為了阻止病菌裡
的毒素擴散，
而注入弱化的毒素
類毒素疫苗

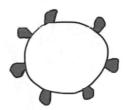

4. 只使用會引發疾病的
病原體的部分結構
次單位疫苗

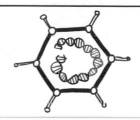

5. 將多醣類或蛋白質
與病毒混合，
使免疫系統運作的結合型疫苗

新生兒疫苗

嗯啊～

6. 利用病毒的基因物質，
如DNA或RNA
基因工程疫苗

BNT、莫德納是
基因工程疫苗中，
使用mRNA
製成的疫苗。

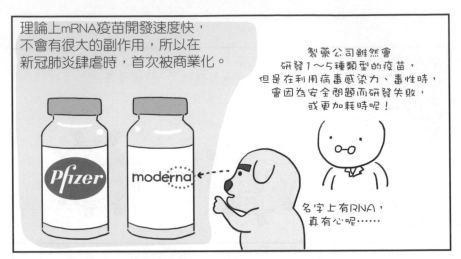

理論上mRNA疫苗開發速度快，
不會有很大的副作用，所以在
新冠肺炎肆虐時，首次被商業化。

製藥公司雖然會
研發1～5種類型的疫苗，
但是在利用病毒感染力、毒性時，
會因為安全問題而研發失敗，
或更加耗時呢！

名字上有RNA，
真有心呢……

mRNA疫苗是只置入新冠病毒的「棘蛋白mRNA」，
並將其封包後，送入細胞之中。

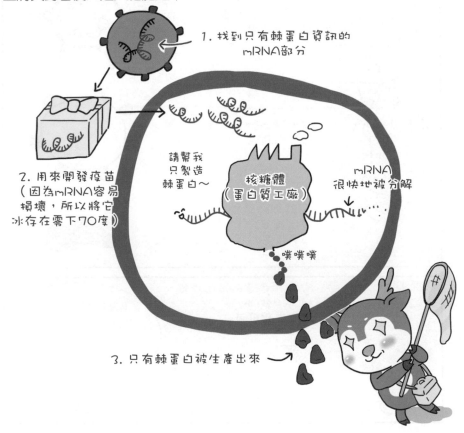

1. 找到只有棘蛋白資訊的
mRNA部分

2. 用來開發疫苗
（因為mRNA容易
損壞，所以將它
冰存在零下70度）

請幫我
只製造
棘蛋白～

核糖體
（蛋白質工廠）

mRNA
很快地被分解

噗噗噗

3. 只有棘蛋白被生產出來

第1次的接種，
T、B細胞要花1個月
的時間記住抗原。

一個月後

所以第1、2次接種的間隔時間是1個月。
第2次接種後，它們會比第1次接種時更快製造出更多的抗體。

出的都是
我會的題目。

相信我，
一定能讓你拿
滿分！

mRNA疫苗

完成第1、2次接種後，
實戰上就能安心了。

你們知道
我是誰嗎？

呵呵呵呵呵呵

159

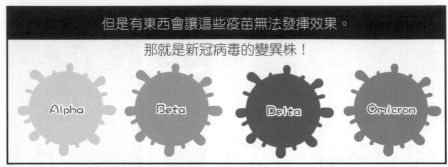

但是有東西會讓這些疫苗無法發揮效果。

那就是新冠病毒的變異株！

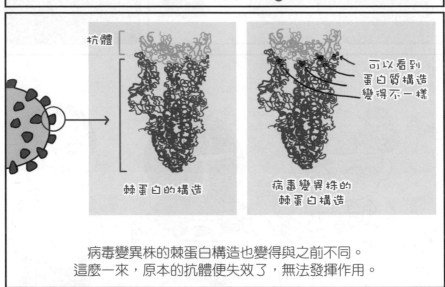

病毒變異株的棘蛋白構造也變得與之前不同。
這麼一來，原本的抗體便失效了，無法發揮作用。

就這樣，我們都順利接種疫苗了。

帶一行人試乘自動駕駛車的Minani

要試坐嗎～

嗚哇～
好興奮！

安全地試乘後下車。

車子好安靜，
我都沒感覺到在搭車。

因為電動車很安靜，
所以聽說有些電動車
會裝上人工排氣噪音，
讓行人能注意到來車。

不過這趟試駕
好安全喔。

我還以為會有假人跳出來，
然後自動駕駛車來個甩尾，
閃避它呢……

這又不是模擬
車禍的車。

163

你們想來點刺激的話，就去那邊的5G基地台看看吧。

當5G出狀況時，車輛會因為無法分析數據而發生事故。

因此自動駕駛車想普及的話，必須設置密集的5G基地台。

該不會是人類看著車輛上的鏡頭，進行遠端操控吧？

是，但不是人類，而是人工智慧呢。其中也有深度學習的人工智慧。

就像Boris事件一樣，真人躲在裡面假裝是機器人～

在選定的路線上，依靠設定的演算法，
便可進行無人自動駕駛。

但是，發生突發狀況該怎麼辦？
這時候需要深度學習。

深度學習的運作方式被稱為「人工神經網路」，因為它能像人類
的腦神經一樣運作。

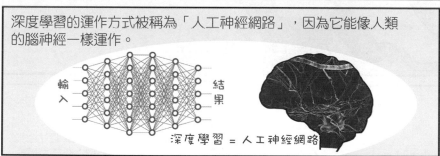

深度學習AI需要經過像孩子一樣學習的過程，
它會提出很多錯誤答案，並大量反覆學習，
所以需要龐大的數據。

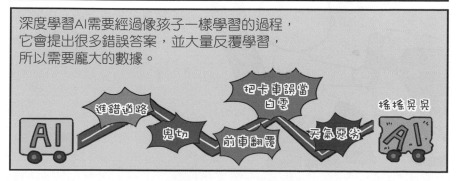

一般自動駕駛車分成0～5個階段。

第〇階

0階段是我們現在坐的一般車，
所以不算是自動駕駛車。

第1階

它有放慢車速的功能，
與前車保持安全距離，
並且防止脫離車道。但是，
駕駛必須握著方向盤注視前方，
這也算是沒有自動駕駛功能。

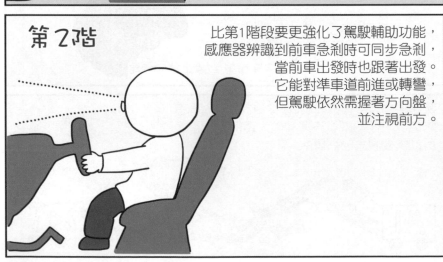

第2階

比第1階段要更強化了駕駛輔助功能，
感應器辨識到前車急剎時可同步急剎，
當前車出發時也跟著出發。
它能對準車道前進或轉彎，
但駕駛依然需握著方向盤，
並注視前方。

**第3階**

從第3階段開始，感應器可以做很多事，
不用人為操控便能自動減速、加速、超車，
也能預防車禍或塞車，選擇其他道路前進。
不過，當系統發出要求時，人類必須馬上操控車輛。

我看下訊息

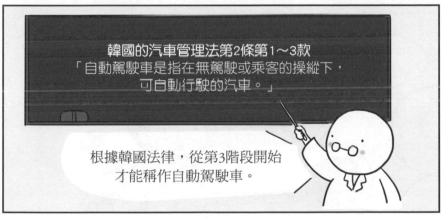

韓國的汽車管理法第2條第1～3款
「自動駕駛車是指在無駕駛或乘客的操縱下，
可自動行駛的汽車。」

根據韓國法律，從第3階段開始
才能稱作自動駕駛車。

現在商業化的韓國產自動駕駛車，
在高速公路上可以在無人操控下行駛，
但是駕駛的手一離開方向盤就會發出警告，
所以算是第2階段。

只要手指碰著，
就能前進。

**第4階** 從第4階段開始,人們幾乎不用直接操作,
這時汽車成了能自行運轉的IT機器。

它會辨識周遭環境,並將資訊轉換成便於處理的圖表數據,
所以汽車製造商可能無法獨立製造維修汽車。

車子何時
能修好?

這好像是軟體出問題,
你可能要去問
Google服務中心~

雖然我是汽車專家,
但卻是IT門外漢

韓國平昌冬季奧運時,前總統文在寅曾試乘過自動駕駛第4階段的
氫能車,甚至將它開上高速公路。

Autonomous Fuel Cell Electric Vehicle
自動駕駛氫能電動車

原來韓國大力
推動開發了啊~

最後終極的第5階段是科幻電影裡出現的汽車。
行駛路線不再限於道路，它還能辨識非道路與山路。
它不再需要駕駛座，內部還能放上電視、冰箱、
電玩遊戲等設施。

鏘～

別玩了
快吃飯～

我連坐椅子都嫌不舒服，
如果能像這樣，躺在像床
一樣的東西上就好了。

不過汽車行進間
仍有速度，
還是必須繫上
安全帶喔！

第5階段就連沒有駕照的
萌萌也能獨自搭乘喔！

哇，那我要
叫我爸買給我。

目前第5階段還要再等一下喔！
就像我剛說的，
韓國產自動駕駛車
只要手一離開方向盤
就會發出警告。

我好想快點坐到～

其實早就有
不用握方向盤的
自動駕駛技術囉。

正好在你後面

就是飛機。

哦～

開飛機少則1小時，最多可能要好幾個小時，
所以機長一整天握著方向盤是很累的事。
實際上現在除了起飛、著陸和緊急狀況之外，
主要都是靠自動駕駛系統主導飛行。

這技術直接用於
汽車的話會怎樣呢？

答案是很難應用在汽車上，因為陸地與天空的環境不同。
而且天空很寬廣，飛機只要按照人工設定的航道飛行即可。

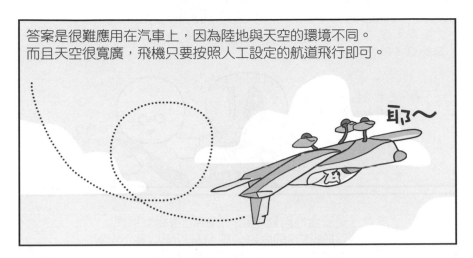

相比之下，道路上有太多變數了。

所以開車要防範各種狀況。

尤其是下雨或下雪時，駕駛如何辨別標線與
其他車子是很重要的事。

呃，雪下到處都是啊！
要是我失誤的話，
會上新聞吧？

那就提升自己
的技術嘛～

為了更安全地自動駕駛，汽車間會相互通訊，
其他車要往哪去、前面幾公里處是否開啟警示燈等，
它們會在雲端空間交換即時的交通數據。

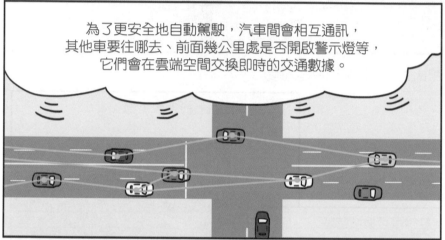

在停滿車的停車場裡，
發現還剩一個車位!!

啊……白高興一場

對啊！停車時被騙的
情況也必須解決～

啊，那個自動駕駛車
也會被騙吧？
因為它是用
鏡頭感應器去找的

172

在某個實驗裡，自動駕駛車因為地上有人形光影而剎車，
因為它沒有學過如何辨識真人與假人。

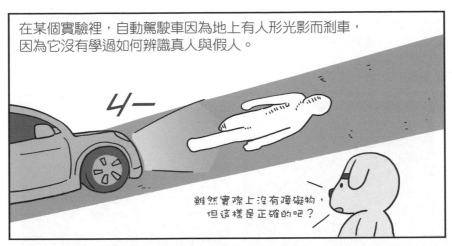

它也曾被燈光照出的假標線給騙了。

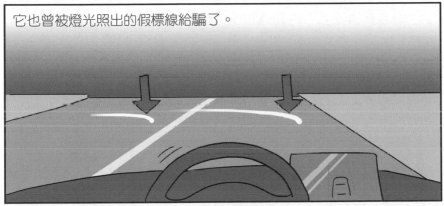

也曾發生過在自動駕駛時，因為無法分辨貨車與雲朵，
而撞上貨車的事故。

因為不少事故都源於識別錯誤，
所以自動駕駛車需要更精密的辨識裝置和判斷技術。

可是，除了技術問題，在自動駕駛車商業化前
還有必須解決的課題，那就是法律問題。現在
在自動駕駛模式下發生事故時，很難明確區分
是駕駛的問題，還是汽車製造商的過失。

2018年在美國發生了一起自動駕駛車撞死人事故，
美國國家運輸安全委員會認定，該起事故的肇因是駕駛不慎。

此外，它也有倫理上的問題。像是在預測事故發生時，
究竟是要為了保護行人而去自撞護欄？還是保護駕駛，直接撞行人？
我們必須先設定好自動駕駛系統該做的選擇。

自動駕駛車在與行人有所衝突時，應該先救誰呢？

[1] 小孩　　[5] 醫生♂　　[9] 運動選手♂　　[13] 肥胖人士♂　　[17] 狗
[2] 少女　　[6] 醫生♀　　[10] 管理階層♂　　[14] 流浪漢　　　　[18] 罪犯
[3] 少年　　[7] 運動選手♀　[11] 一般成人　　　[15] 老人♂　　　　[19] 貓
[4] 孕婦　　[8] 管理階層♀　[12] 肥胖人士♀　　[16] 老人♀

出處：《自然》期刊

曾有人對
200萬人進行
兩難困境調查。

雖然能埋解，
但有點恐怖ㄟ。

啊⋯⋯
19號⋯⋯

韓國國土交通部為了因應未來趨勢，強制使用者加裝
「自動駕駛資訊記錄裝置」。這是為了在發生事故時，
可以確定是駕駛還是AI在操控車子，並區分責任歸屬。

AI
VS

結果是因為技術、法律、倫理問題，所以還無法商業化啊……

Minani～19號很傷心！該怎麼辦啊～

你很壞耶～

我來做一輛給你！

我的荷包唯一買得起的自動駕駛車。

組裝模型

裝好了，也訓練好了。開始測試吧～

為什麼還不出發？

通常打一下就可以，你試試？

嗶嗶嗶嗶

幾分鐘後

嗶嗶嗶

哇～它會跟著標線走。

雖然和實際的自動駕駛AI不一樣，但還不錯吧？

事實上，自動駕駛是使用模型預測控制＋分類模型，
而我做的模型只使用分類模型AI。

模型預測控制是學習
各種事故的因果關係，
並用於預測其他事故。
需要讓它仔細地學習
龐大的數據資料。

你自己試著安全地
開到目的地吧～

分類模型是逐一讓它學習「A＝人類，B＝樹，C＝道路」等資訊，
並在現實中辨識那些物體分別最符合「A、B、C」哪個選項。

模型車的話，使用
分類模型更輕鬆簡單，
也很實惠呢。

好喔好喔，
那我先走囉～

吉龍，
你不期待自動駕
駛車嗎？

我來
接您了

我有專屬
司機啊！

啊……喔……
真令人羨慕。

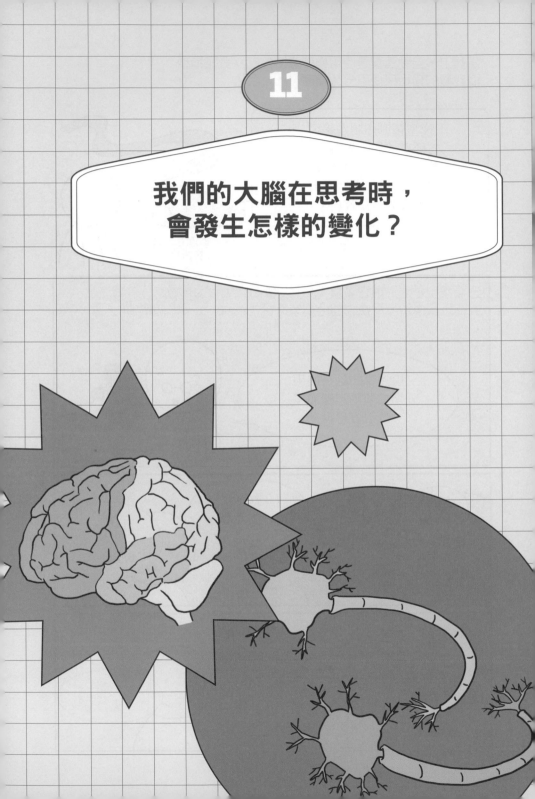

**11**

我們的大腦在思考時，
會發生怎樣的變化？

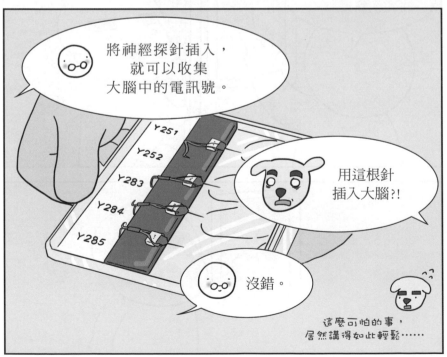

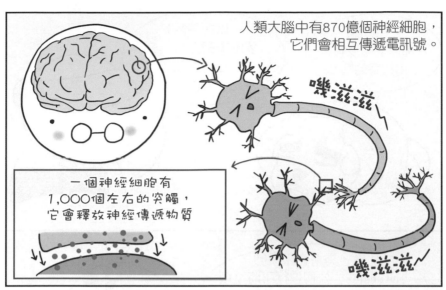

人類大腦中有870億個神經細胞，
它們會相互傳遞電訊號。

哦滋滋

一個神經細胞有
1,000個左右的突觸，
它會釋放神經傳遞物質

哦滋滋

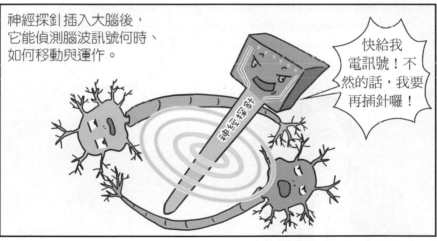

神經探針插入大腦後，
它能偵測腦波訊號何時、
如何移動與運作。

快給我
電訊號！不
然的話，我要
再插針囉！

神經探針

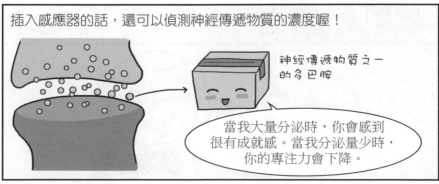

插入感應器的話，還可以偵測神經傳遞物質的濃度喔！

神經傳遞物質之一
的多巴胺

當我大量分泌時，你會感到
很有成就感。當我分泌量少時，
你的專注力會下降。

聽得我頭都痛了，沒有不用插腦的嗎？

可以把腦電圖感應器戴在頭上，但它的準確度要比侵入性的低。

伊隆・馬斯克創辦的「Neuralink」公司進行了將電極置入大腦的侵入性實驗，因為這樣才能更準確地偵測數據。

AI如果變得比人類聰明的話，人類將會變成AI的家貓。為了阻止這件事發生，人類大腦需要植入晶片！

成為貓咪又不會怎樣～

就算那樣我也要戴！

好～

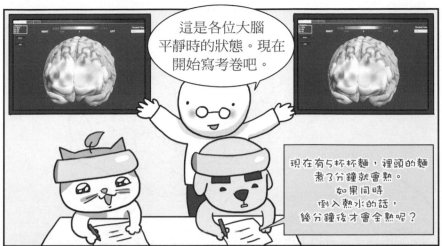

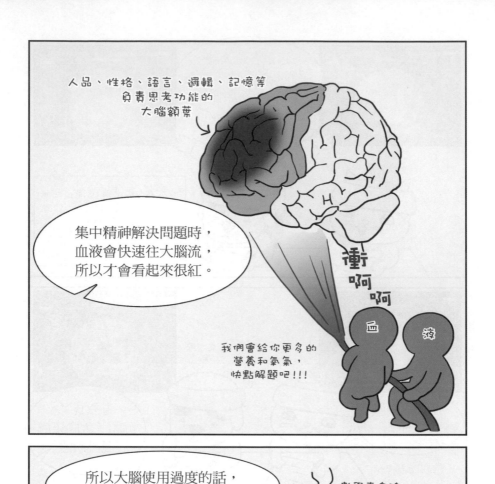

當我們看到有趣的、新奇的，或好看的東西時，視神經細胞會發出強烈信號給大腦。

這是來幫我們做聯誼實驗的多瓏

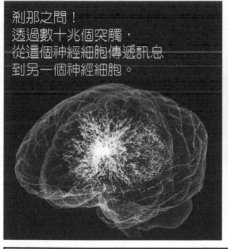

剎那之間！
透過數十兆個突觸，
從這個神經細胞傳遞訊息
到另一個神經細胞。

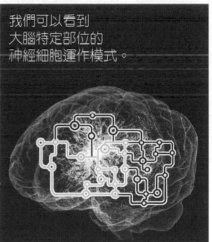

我們可以看到
大腦特定部位的
神經細胞運作模式。

這模式會
促使我們思考、
行動或說話。

哇～

下圖中列出至今的大腦研究
所發現大腦各部位的主要功能。

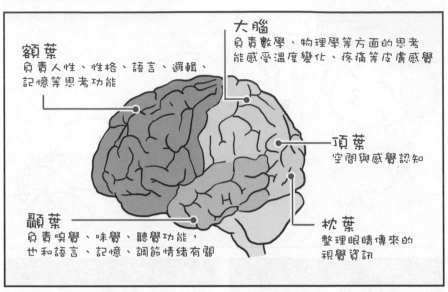

額葉
負責人性、性格、語言、邏輯、
記憶等思考功能

大腦
負責數學、物理學等方面的思考
能感受溫度變化、疼痛等皮膚感覺

頂葉
空間與感覺認知

顳葉
負責嗅覺、味覺、聽覺功能，
也和語言、記憶、調節情緒有關

枕葉
整理眼睛傳來的
視覺資訊

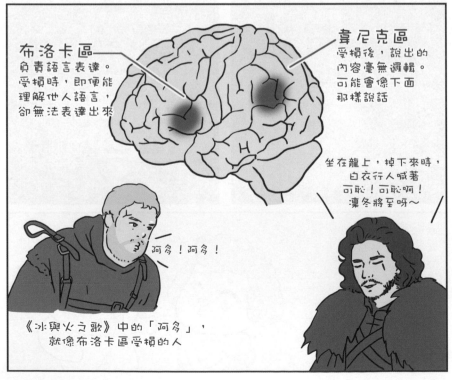

布洛卡區
負責語言表達。
受損時，即便能
理解他人語言，
卻無法表達出來

韋尼克區
受損後，說出的
內容毫無邏輯。
可能會像下面
那樣說話

阿多！阿多！

坐在龍上，掉下來時，
白衣行人喊著
可恥！可恥啊！
凜冬將至呀～

《冰與火之歌》中的「阿多」，
就像布洛卡區受損的人

如果我們能準確知道人類活動時，大腦的哪個
部位在活化、活化的部位與哪個感覺連結，
這樣就能幫助更多的人。

老人失智

我借你的錢
該還了吧～

我的錢包
放哪去了呢……

想起來了嗎？

叮

哦！
想起來了！

帕金森氏症——失智症、行動漸漸退化

手抖到我無法
畫漫畫了……

我又能
繼續畫了！

叮

有憂鬱症或躁鬱症等情緒障礙的人

我居然母胎單身到60歲。
真鬱悶～

原來大家有眼不識泰山。
我愛我自己～

嗶嗶嗶

媽媽的
理智

如果能將腦波數據化並傳輸到電腦、機器人上，
將為身障人士帶來很大的幫助。

  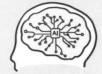 

用電極記錄　　　將記錄傳到電腦　　　啟動AI演算　　　連結機器人
腦電波　　　　　並數據化　　　　　解碼訊息　　　　代替實現其訊息

2012年一位四肢癱瘓患者，
透過腦波操控機器人手臂
餵自己喝飲料

← **Tweet**

 **Thomas Oxley**　　　　　　　　　　　···
@tomoxl

哈囉，世界！簡短的推文，偉大的進步。

9:00 AM · Dec 23, 2021 · Twitter Web App

開發BCI技術的Synchron公司CEO推特
他讓患有漸凍症的歐基佛靠「意念」寫字上傳一則推文

如果BCI技術更先進的話，
我們是否能像電影《阿凡達》
一樣，擁有一個代替自己行動的
阿凡達呢？

※ BCI：Brain Computer Interface 腦機介面

另外，光靠腦波也可以玩電玩。
因為必須集中腦波才能進行，所以可以用在
改善過動症等症狀。

Neuralink公司
公開的影片中，猴子用腦波→
玩意念乒乓球遊戲

← 韓國國立果川科學館裡，
也有用腦波玩遊戲的體驗設施

哦！這真是可以改變世界的技術呢。
真的！科學超棒！加油！

所以我的
聯誼何時
能開始呀？！

……好好，
聯誼現在開始！

哦，這是要解讀
我的想法嗎？

多瓏～

是～

你這樣讓我有點害怕。

害怕嗎?

今天我玩得很開心,再見。

開心嗎?

站起

多瓏說她很開心~她的大腦應該也很放鬆吧?

看來她面對你時,大腦瘋狂轉動了。

我好像看到火山爆發了

我又毀了嗎?

你沒毀,是聯誼毀了

有一位準備上太空的NASA太空人，
他正在挑選放入太空衣裡的小便器尺寸。

嗯

小　中　大

喂！這邊啦！
直接選官
就對了！

自尊心

我要用
這個尺寸。

小　中　大

終於出發，當天太空船裡

啊……這是我的
尺寸啊。是太緊張了
才這樣嗎？

小便器尺寸比預想的要大太多了……

所以麥可‧穆蘭說他只好死憋著。

如果能像太空衣一樣，內設簡易如廁設備就會很方便，
但是像待在隱蔽位置的狙擊手只能就地解決。

大家都有憋尿的經驗吧？

我曾在上課時間想尿尿，憋到腿都纏在一起了。

我則是

連假遇到大塞車，那時突然很想尿尿。因為太崩潰，差點忍不到休息站。

剛好有空寶特瓶，解救了差點社會性死亡的我。

呼

嘘嘘

真的好佳在～

握著寶特瓶，手也變得很暖ㄟ？那時我才知道，這種溫暖的東西從體內流出後，身體會發抖、會覺得冷啊。

哦，我們不想知道那麼詳細……

快點拿去丟掉

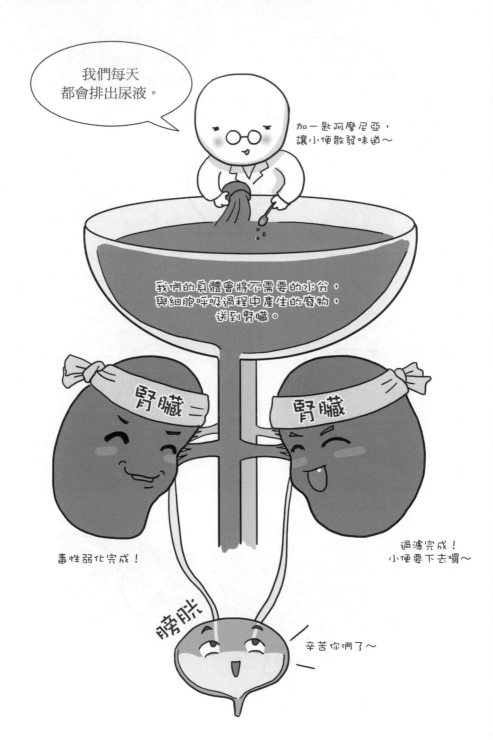

如果一直憋著尿的話，最後會怎樣？

緊緊地

膀胱平均能裝下1～2杯一般杯子容量的尿液。

=

基本上裝滿1杯時，人會開始想尿尿。

該出去了吧？

根據研究顯示，因為工作性質而無法經常上廁所的上班族，
他們的膀胱可以裝下更多的尿液。

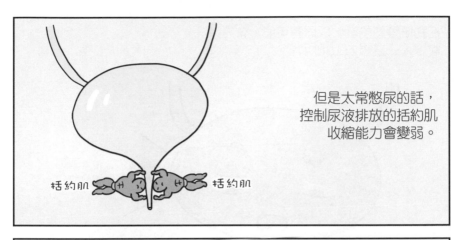

但是太常憋尿的話，
控制尿液排放的括約肌
收縮能力會變弱。

括約肌　　　　　　括約肌

聽說這裡
有隻很懶的狗。

有時候我們會因為受到驚嚇而漏尿，
或是因為極度痛苦而尿褲子。
這時就與括約肌是否鬆弛無關，
它只是自然地流出來而已。

括約肌變鬆的話，尿尿時可能會有殘尿，
會讓人一直想去上廁所喔。

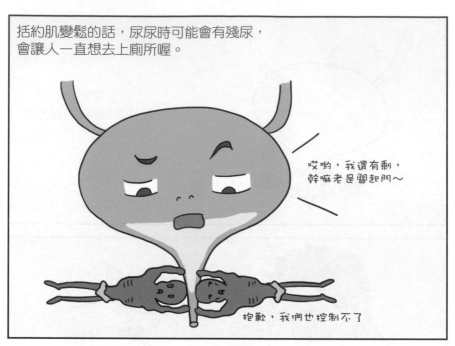

如果一直憋尿的話，尿液可能會逆流回腎臟。

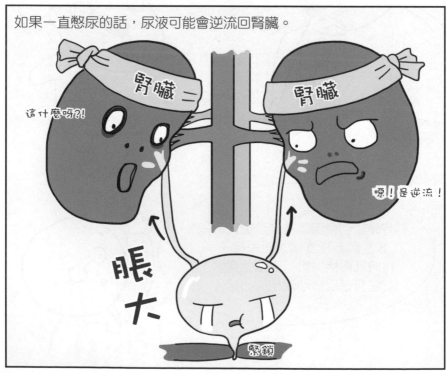

因為膀胱和尿道相接，
而尿道周遭有病毒或細菌。

如果尿液真的逆流的話，腎臟會遭到感染。
屆時，腎臟過濾廢物的機能會無法運作，
可能會造成「腎衰竭」。

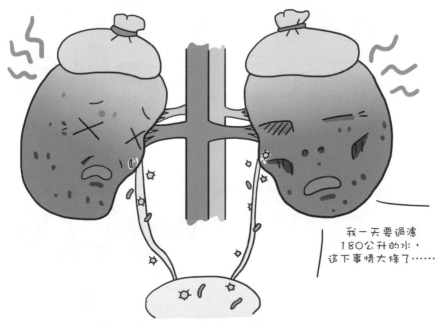

如果負責人體濾水功能的腎臟壞掉的話，
就必須在醫院接受洗腎療程了。

我來代替腎臟
幫你過濾～

做一次要4個小時，
一週要做3次呢～

嚴重時需接受腎臟移植手術，
連手術都很困難的話，可能會死亡。

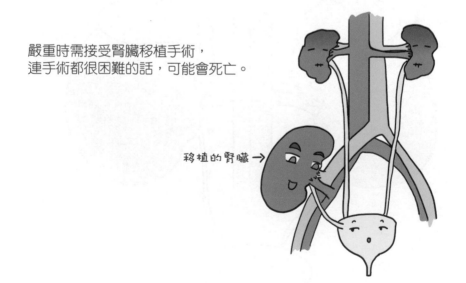

移植的腎臟→

1601年時，丹麥天文學家第谷某次受男爵邀請參加晚宴。

非常感謝男爵大人您的邀請。

有fu了……

你的臉色好像不是很好ㄟ？

沒……沒事。

現在去廁所的話，會很沒禮貌，我要憋著！

憋尿憋太久的第谷，
在幾天後因急性腎臟炎而去世了。

1546.12.14
～
1601.10.24

正常人很難僅憑意志一直憋尿，因為括約肌最終會放鬆，
並自然排出尿液。如果有必須憋尿的情況，請事先做好準備。

進行長時間的重要會議前，先穿好尿布的主角們——韓國電影《辣手警探》

我請來了一位
曾經沒做準備
就一直憋尿的人。

也請幫我做
變聲處理

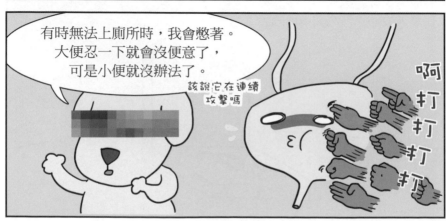

有時無法上廁所時，我會憋著。
大便忍一下就會沒便意了，
可是小便就沒辦法了。

該說它在連續
攻擊嗎

啊
打
打
打

牙齒會很癢，
緊咬住就不會癢了。

腰會漸漸痛起來。

這三種感受會
不斷地循環。

腰痛
牙癢
尿意

多虧了健康的括約肌，
才能忍到廁所呢。

感謝分享
你的心酸史。

為了感謝你，這是我在
某影片裡測試過的尿布，
說是可吸收2公升的尿。

現在小孩想法真的是

為你的腎臟按個讚！

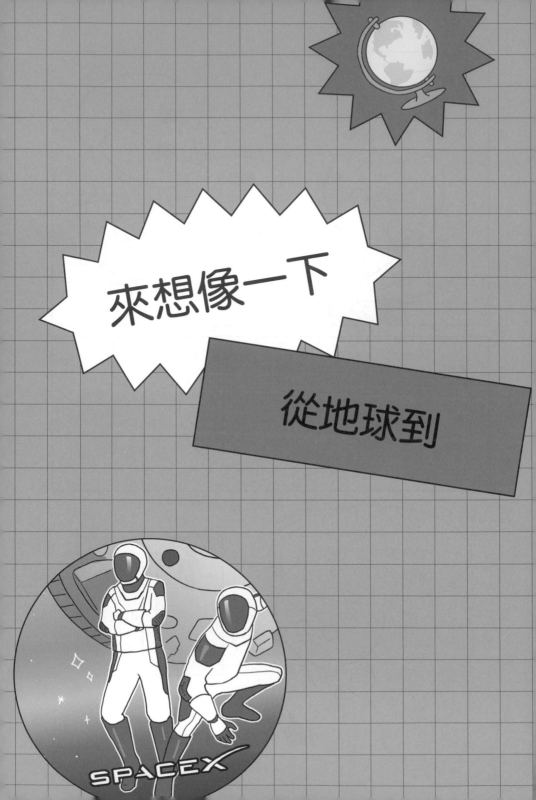

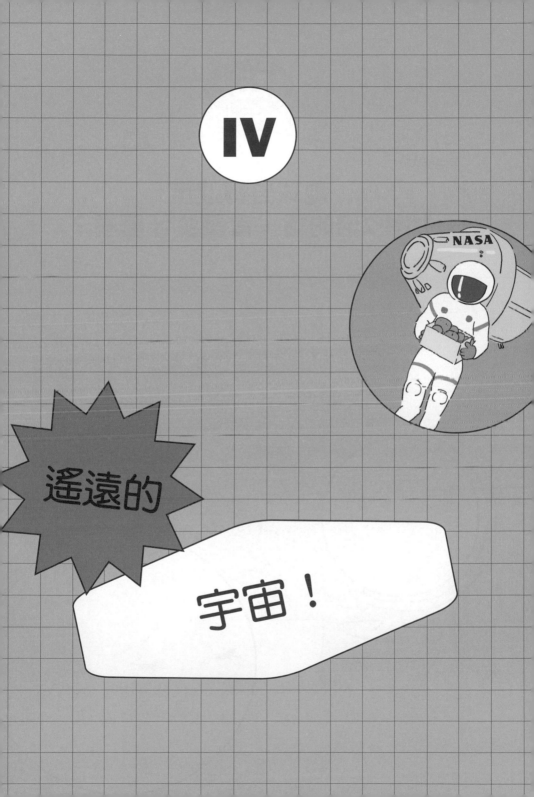

地球會自轉。

轉啊
轉啊

住在赤道附近的人以時速1,600公里
跟著地球在旋轉。

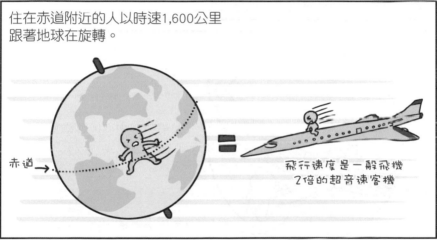

赤道→

飛行速度是一般飛機
2倍的超音速客機

越接近極區，自轉速度越慢。

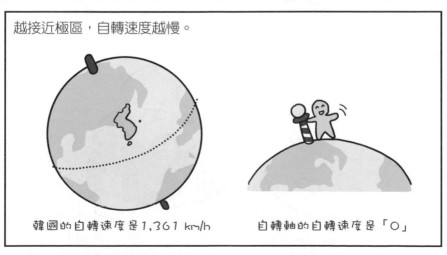

韓國的自轉速度是1,361 km/h

自轉軸的自轉速度是「0」

可是我們在地球上的任何地方都感受不到自轉速度。

和在行進中的火車裡一樣,如果不看窗外的話,我們感受不到速度,這是因為我們待在會自轉的地球上。

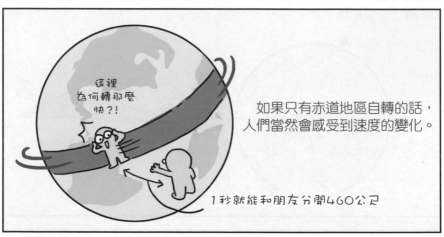

如果只有赤道地區自轉的話,人們當然會感受到速度的變化。

那麼地球的自轉速度加快2倍的話,人會有感覺嗎?

地球自轉速度如果加快的話，脫離重心的離心力就會加大。

離心力

站在地面上的我們會因為地球自轉速度加快與離心力作用，出現身體短暫飛起來的情況。

抓！！

重力

當然，因為重力更強，所以我們無法飛上天空。

體重會稍微下降而已。

哦～減肥成功～

雖然你很開心，但身材還是沒變呢～

每天會有晝夜交替也是地球自轉的關係。

不過，自轉速度變得比現在快2倍的話，
晝夜交替的時間也會加快2倍。

還有，一天的時長會變成12小時。

已經適應一天24小時的人類與動物，
是否能適應一天12小時呢？

這麼一來，
我24小時裡
可以吃上6餐呢～

12小時更好～～～

ㄉㄨㄞ
ㄉㄨㄞ

x)

這樣上班通勤時間也會多2倍啊～
我通勤時間要花3小時，
24小時就要來回2趟？

12小時都不夠～♪

這樣歌詞
很拗口啊！

呃……
說得也是

不然就要選擇像現在一樣地生活。

到時赤道自轉時速會比現在快2倍，來到3,200公里。
越往極地的方向，自轉速度的變化越不明顯。

赤道的離心力越強，
北極與南極周遭的海水
越會往赤道流動。

洗米時用手畫圈轉動，
就能輕鬆了解這個原理。
因為離心力的關係，
水盆外圍的水位會瞬間升高。

最終，除了像喜馬拉雅山一樣的高山之外，
赤道周遭的土地都會被海水淹沒。

輕鬆征服
喜馬拉雅山囉～

問題是，不只海水會往赤道匯集，
連周遭的板塊也會因為離心力而往赤道移動。

板塊往赤道移動時，
地球各地會發生劇烈地震。

我要快點躲到桌子底下。
請你快點送套桌子來!!

我們～全都會死!!

居然會帶來全球災難？而不是能高興
一天能吃6餐，或變瘦的時候？

地球轉速加快的話，地球內部的外核也會快速流動。

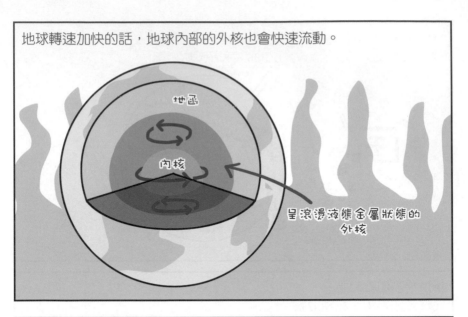

呈滾燙液態金屬狀態的外核

外核的流動，
會使地球產生
像磁鐵般的龐大磁場，

磁場是候鳥遷徙的
指南針

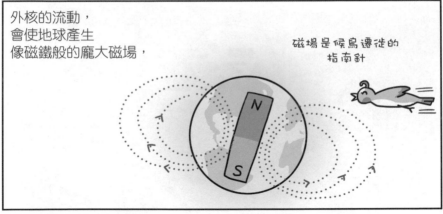

外核快速流動的話，
磁場的強度會發生變化。

ㄐㄧㄥ

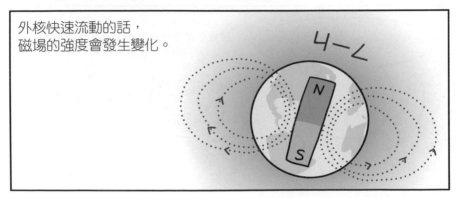

磁場變強的話，像是GPS等基礎系統與
我們使用的電子設備，大多都會故障。

自轉加快的話，大氣層外與地球同步的衛星也會發生問題。

我只看著你～

地球同步衛星
會與地球等速
一起轉動，
並待在固定的位置

哎呀～

如果為了配合自轉變快的地球，而加快人工衛星公轉速度的話，人工衛星的離心力會變強，可能會脫離原本的軌道。

咻呼

早知我就當低軌道
衛星了～！

衛星先生～

幸好這一切都只是
假設而已！

是啊，今天
地球又是和平的一天～

其實地球剛形成時，
自轉速度非常快。

比一天12個小時還要
短很多喔

咻咻咻

什麼？

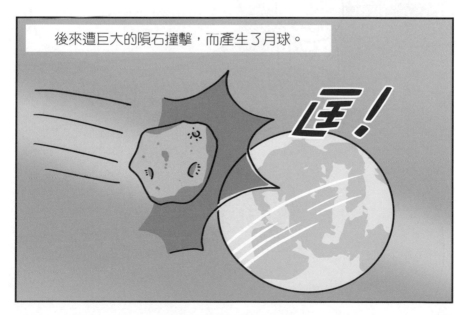

後來遭巨大的隕石撞擊，而產生了月球。

匡！

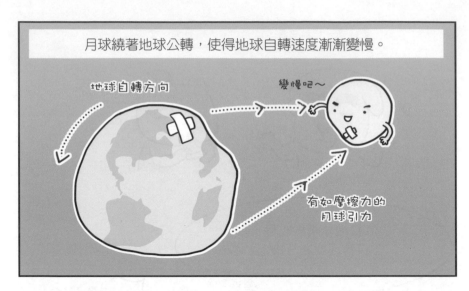

月球繞著地球公轉，使得地球自轉速度漸漸變慢。

地球自轉方向

變慢吧～

有如摩擦力的
月球引力

過去3,000年間地球自轉速度
平均每100年會變慢0.002秒，
等於平均每100年的一日時長會增加0.002秒。

因此新年來臨前，
會再多加1秒
的「閏秒」。

23:59:59  23:59:60  00:00:00

HAPPY
NEW YEAR

最近一次是在2017年增加1秒

因為隨著時間流逝，轉速緩緩地變慢，
所以現在地球的自轉速度幾乎不會變快了。

1969年成功載人登陸月球的阿波羅11號總共旅行了8天，
但是火星之旅單趟需要4～6個月，往返要3年。

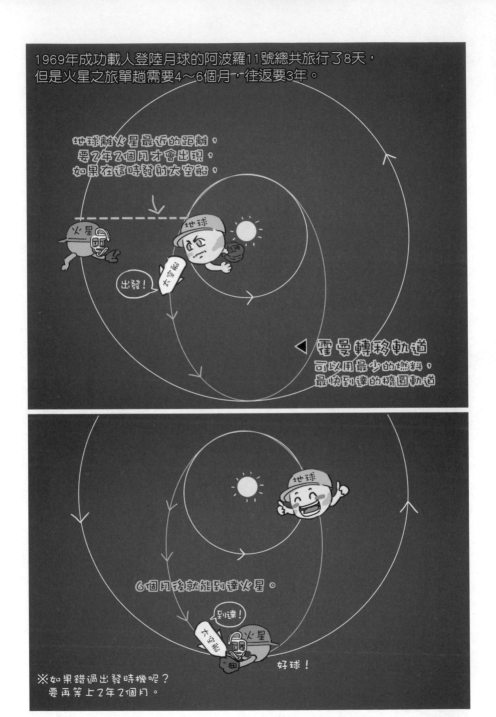

那人類長時間待在太空沒問題嗎？

當人類穿著太空衣，或滯留在太空站時，
會遭遇5件影響人體的事。

## 2. 與地球的社會隔離

在與地球日常完全不同的地方生活，
遠離了習慣的社會，
心理上會受到影響。

身體一遠，心也會跟著變遠嗎？
我好擔心在地球上的另一半。

你先擔心自己何時
能交到女朋友吧……

天啊！
我得去排隊
買限定周邊啊！

← 去不了

字典：蹲居型邊緣人
指已宅在家6個月以上，
不與他人進行
社會交流的人。

我會被公開是
「家裡蹲」嗎？！

## 3. 封閉的環境
必須待在太空站、太空船裡。

在密閉的太空船裡放屁有爆炸的危險，
所以60年前登月太空船阿波羅號裡，
禁止吃豆類、白菜、花椰菜等會誘發放屁的食物。

# 4. 大空輻射

人離開地球後會受到
來自大陽等其他大空輻射影響。
儘管可以使用很厚的水泥或水來阻絕，
但是這樣大空船會變得很重。
因此人類在外大空時會接觸到大量的輻射。

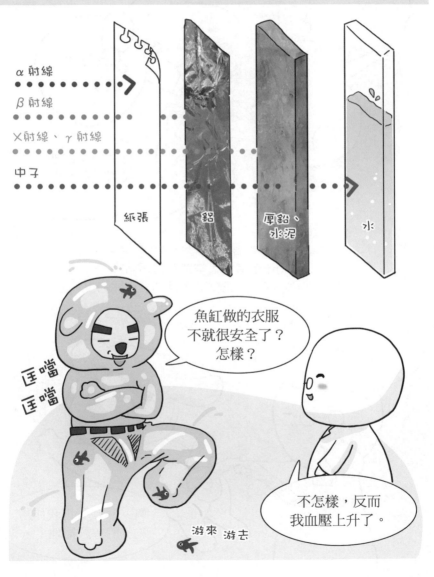

α 射線

β 射線

X射線、γ 射線

中子

紙張

鋁

厚鉛、
水泥

水

魚缸做的衣服
不就很安全了？
怎樣？

匡噹
匡噹

游來 游去

不怎樣，反而
我血壓上升了。

有一項研究是觀察人類長期在外太空生活後的影響。
有一位美國太空人史考特‧凱利在外太空待了340天。

在太空站上，他們將史考特的小便、血液樣本
放入聯盟號太空船裡送回地球，花了幾年時間分析。

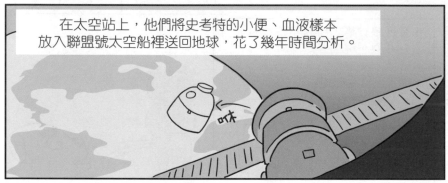

待在地球的史考特雙胞胎哥哥馬克，成了最佳的比較對象。

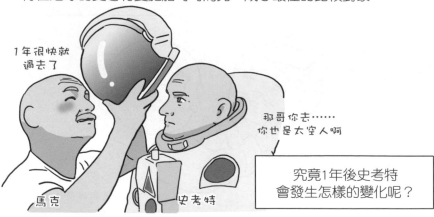

1. 體內會累積不少進行毒性作用的活性氧化物。

2. 長時間暴露於太空輻射，導致DNA部分受損。

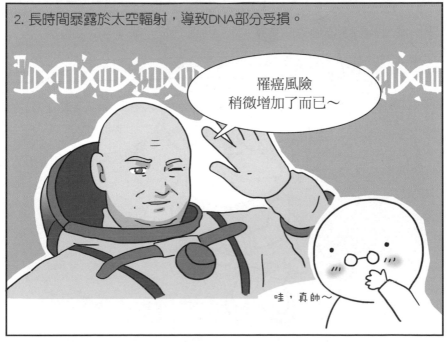

3. 負責生產細胞能源的「粒線體」會故障。

4. 人類體內的乳酸菌和大腸桿菌等腸道微生物菌群會發生變化。
原因可能是飲食習慣的改變，與環境變化造成了壓力。

5. 掌管身體老化速度的端粒，長度也發生了變化。

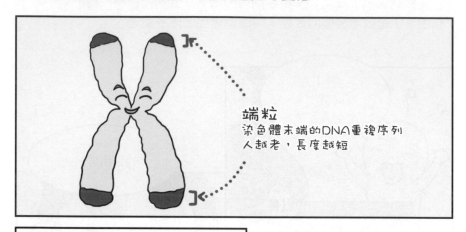

端粒
染色體末端的DNA重複序列
人越老，長度越短

因為史考特的端粒變長了，
所以「在外太空是否不會老」
的議題受到很大的關注。

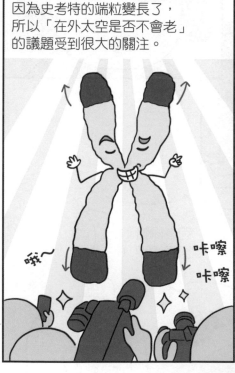

哦～

咔嚓
咔嚓

但是他回到地球6個月後，
端粒又恢復到原本的長度，
也有太空人的端粒變得更短。

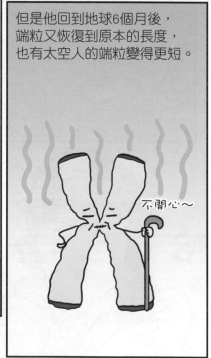

不開心～

因此，人們自然也對相關的研究失去興趣。

目前為止有一些太空人的肌肉骨骼流失，
而且消瘦許多，免疫力突然變差。

真抱歉～

也有人出現心臟和心血管異常的問題。

真抱歉～

甚至有人在外太空時
一根頭髮都長不出來。

這我有點冤喔？
你本來就光頭啊～

因此，有人開發了修復粒線體的藥物，
預計很快會給太空站的太空人測試。

希望移民火星與火星之旅正式展開時，
大家都能健康地回來。

15

太空衣為何如此昂貴？

必須穿上外出用太空衣，才能安全地走出太空船。

1969年登陸月球時，為了保護太空人，他們所穿的太空衣裝了許多設備，所以非常笨重。

現在的技術比50年前更進步了，那麼最近的太空衣應該也更進步了吧？

沒錯，現在國際太空站使用的太空衣是另外一種。

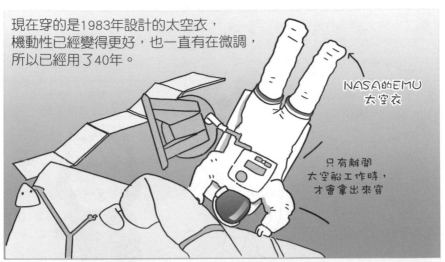

現在穿的是1983年設計的太空衣，
機動性已經變得更好，也一直有在微調，
所以已經用了40年。

NASA的EMU
太空衣

只有離開
太空船工作時，
才會拿出來穿

完全沒有
進步嘛⋯⋯

居然40年裡一直是同款太空衣～

失

望

啊，那個⋯⋯

那時一件太空衣大約要1,500萬～2,200萬美金。
（以2020年來看是1億5,000萬美金，換算成新台幣是42億元左右）

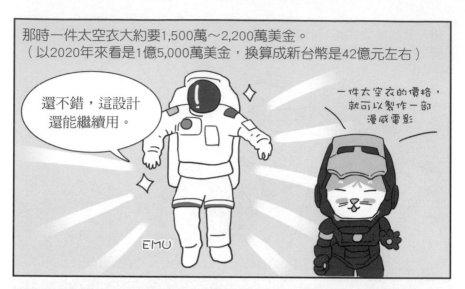

還不錯，這設計還能繼續用。

一件太空衣的價格，就可以製作一部漫威電影

EMU

像《復仇者聯盟》這樣的電影，
酷炫的美術設計越多越賺錢，
也能拿來買昂貴的牛肉吃。

咀嚼

咬

如果NASA經常更換
帥氣的太空衣的話，
會被警告是浪費國家預算喔。

我們只是
公務員而已

NASA

一針

一線

雖然這款太空衣共生產了18套，
但是40年裡發生了許多事情。

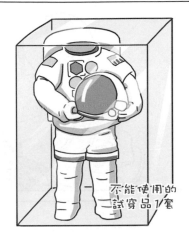

不能使用的
試穿品1套

測試時毀損了1套

1986年挑戰者太空梭號
爆炸事故損失2套

2003年哥倫比亞號
太空梭事故損失2套

兩起爆炸事故
皆造成人員死亡，
真是令人心痛。

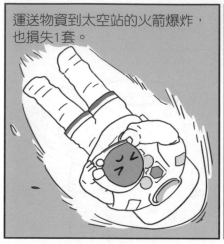

運送物資到太空站的火箭爆炸，
也損失1套。

所以剩下11套太空衣，
其中有7套正在地球修補中。

NASA

現在有4套用於國際太空站。

我出來
維修了

想確認裝在肚子上的
維生系統的話，
得靠手上的鏡子來查看。
（因為脖子和腰不能扭動，
所以無法直接看到肚子。
可愛的太空人）

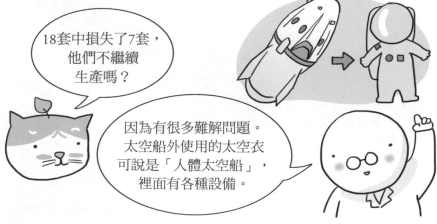

18套中損失了7套，
他們不繼續
生產嗎？

因為有很多難解問題。
太空船外使用的太空衣
可說是「人體太空船」，
裡面有各種設備。

因為地球是1氣壓，而外太空是0氣壓的真空狀態，
所以太空衣裡必須放入能調整氣壓的設備。

1990年電影《魔鬼總動員》裡講述
人類在火星脫掉太空衣時，全身會腫脹起來。
但這只是電影的戲劇效果而已，
實際上我們的皮膚能承受1氣壓的變化。

問題是0氣壓時，我們血液中的氣體會停止流動，
如果血液中的氧氣都氣化、消失的話，
血液會無法供氧給大腦，並造成窒息死亡。

雖說，我的口水
當時像煮熟了～

1965年NASA實驗中，
吉姆·勒布朗曾暴露在
真空中，當時只有昏迷

氣壓變低的時候，氣體容易從人體的孔洞散逸出來喔！
不過並不會危及生命。

噗嗚

全身赤裸暴露於太空時，會馬上灼傷，
起很多水泡，並造成細胞受損。

因此，為了保護太空人，需要給他們穿上厚重的太空衣。
美蘇冷戰期間的太空衣是銀色的，
後來研究證明白色能更有效阻擋陽光後，
便全面將太空衣換成白色了。

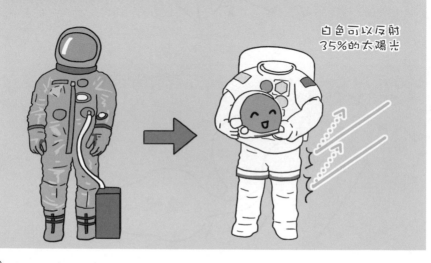

也要擋住比子彈
飛得更快的太空微塵。

← 使用12~14層
各種功能的布料，
其中也有防彈衣的材質

和蝙蝠俠衣服很像的
「克維拉」防彈纖維

---

光是穿上衣服、褲子、頭盔、手套就要花45分鐘，
而走出太空船前的繁複程序還要再花上3小時。
如果再加上漫步任務的時間，
他們就必須長時間穿戴裝備，
所以太空衣內建了廁所系統。

俄羅斯的「海鷹」太空衣
只要15分鐘就能穿好

咻～

穿著笨重的太空衣工作會非常熱，因此為了
不讓太空人流汗，裡頭還設有冷卻裝備以調節溫度。

要先穿上有
冷卻水管子的衣服，
再穿太空衣

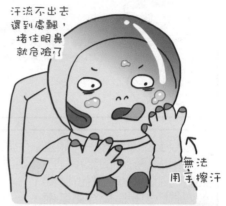

汗流不出去
還到處飄，
堵住眼鼻
就危險了

無法
用手擦汗

2013年，當時執行漫步任務
實驗的盧卡·帕米塔諾

太空衣裡
淹水了!!

你壓力太大，
看錯了吧。
沒事啦～放鬆吧～
（控制中心）

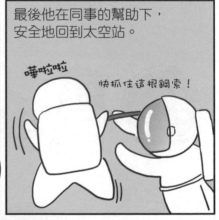

最後他在同事的幫助下，
安全地回到太空站。

嘩啦啦

快抓住這根鋼索！

原來是太空衣內的
冷卻水倒流了。

哇啊～
怎麼回事～

真的是一個不小心就會
釀成大禍的驚險瞬間。

你相信嗎？
我差點
在太空溺死

太空衣裡最貴的裝備是「手套」，為了能在外太空工作
而裝有許多感應器，構造也最為複雜。
雖然手套很厚，但手在觸摸任何東西時仍會有感覺。
材質摸起來很柔軟厚實，掌心的部分則有點粗糙。

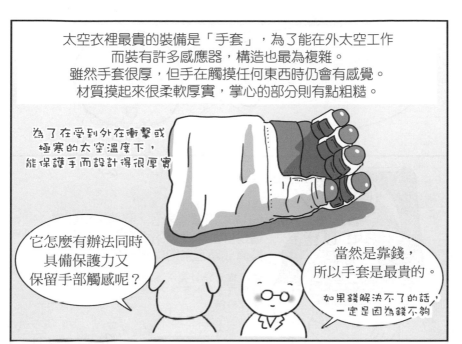

為了在受到外在衝擊或
極寒的太空溫度下，
能保護手而設計得很厚實

它怎麼有辦法同時
具備保護力又
保留手部觸感呢？

當然是靠錢，
所以手套是最貴的。

如果錢解決不了的話，
一定是因為錢不夠

因為1974年開發製造太空衣零件
與設備的公司如今大多關門了，
所以現在無法維修現存的太空衣或再做一件。

我需要零件了，
這家公司的電話
在哪裡呢？

您撥打的號碼是
空號⋯⋯

殘破

如果想修補，
必須由研究員
親自動手。

那件該不會要不停
修補後再穿吧？

其實最近NASA公布投資了50億美金，要開發新的太空衣。

呼～

XEMU試穿用

2017年川普簽署了「阿提米絲計畫」，這是計畫中準備的太空衣，換算成新台幣約60億元。

※阿提米絲計畫：
目標在2024年送2人
登陸月球

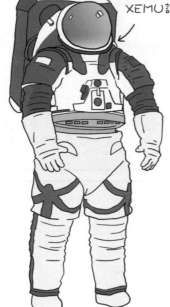

顏色很像美國隊長吧？

也跟俄羅斯海鷹太空衣很像，像在坐車似的踏進去穿上它。

1960年代執行的阿波羅計畫，當時主要目的是單純地在月球漫步，所以太空衣是盡可能減少關節運動的罐頭裝。

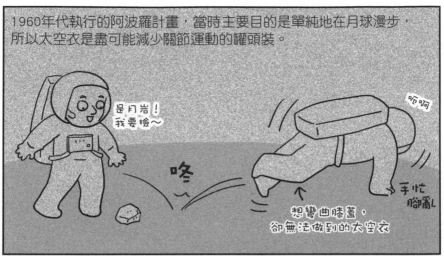

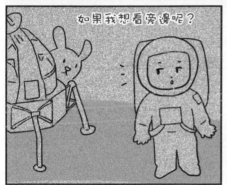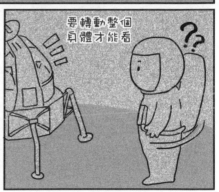

因此，未來太空人在月球或火星採集樣本時，可以靈活地移動、搬東西、維修設備，可以做的事也變多了。所以這次發表的太空衣，設計了讓手、腰、腿等部位的關節可以活動的功能。

新太空衣雖然設計成更有防護力的白色，
但他們也展示了另一件橘色的太空衣。
這是在出發去太空和返回地球時才
穿的「逃生服」。

可以變身成救生艇的衣服

設計成橘色的原因是，
當太空人回地球時掉落大海
或降落在無人島時，
可以讓搜救隊快速找到人。

其他國家的逃生服基本上也是橘色，但隨著GPS技術
更加精確，能追蹤進入大氣層的太空船後，
便沒必要再堅持設計成橘色了。因此，
許多公司或機關都公布了各種顏色的太空衣。

波音的逃生衣　　　　NASA的Z-2　　　　SpaceX的逃生衣

現在NASA的科學家們想開發在太空站外部，以及在宇宙深處進行
各種任務的太空衣，並希望能將價格降到約新台幣5億元。
因為現在科技發達、人們積極研發新材料、太空新創公司的競爭等因素，
使得太空衣成本逐漸下降。像是SpaceX利用3D列印技術製作
符合個人身型的室內太空衣，就大幅降低了成本。

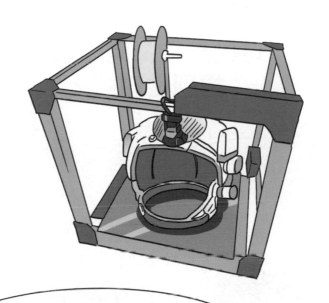

如果3D列印也可以製作艙外太空衣的話，
那不就能讓價格降到5億元嗎？
如果有那天的話，你們想穿哪件？

之前還要新台幣42億元，
降到5億元可是破天荒的
價格啊

我要復仇者聯盟風格～
因為拍照好看！

我想直接拿5億⋯⋯

6,600萬年前恐龍們快樂玩耍的一天

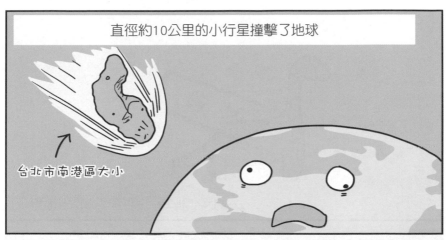

直徑約10公里的小行星撞擊了地球

台北市南港區大小

撞擊後造成了巨大的海嘯和火山爆發

咕嚕
咕嚕

爆炸造成的大量粉塵，
籠罩了大氣層，阻絕了太陽光。

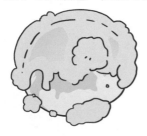

結果導致當時
地球平均溫度，
從28度驟降至11度

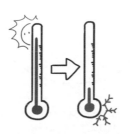

1年半以上的時間，
植物無法行光合作用

枯萎

因此，地球上4分之3的生物滅絕了。

人們將此稱為「第5次生物大滅絕」。

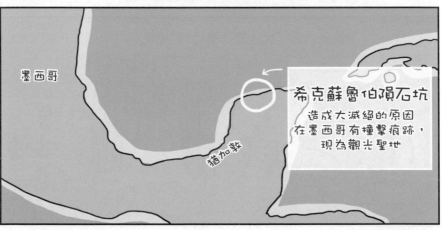

墨西哥

猶加敦

希克蘇魯伯隕石坑
造成大滅絕的原因
在墨西哥有撞擊痕跡，
現為觀光聖地

第5次生物大滅絕之後，又遭到不少隕石撞擊。

叮

咚

這程度就像
一粒沙掉下來
不痛不癢

因為這些隕石沒有大到可以造成災難的程度，
所以包括人類在內的動物才能順利存活到現在。

其實即便只是一小塊隕石掉落，也能瞬間將市中心夷為平地。

被隕石砸到
還能存活的話，
簡直就跟中樂透一樣

所以全球許多天文台與天文學家一直在觀察太空，
尋找經過地球周圍約800萬公里的隕石。

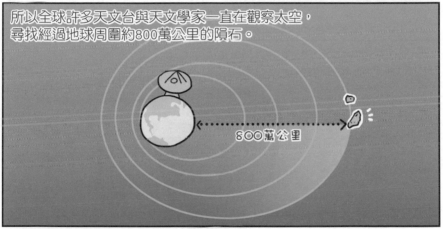

800萬公里

因為這些隕石會受地球的重力吸引，
或是與其他小行星相撞後飛往地球。

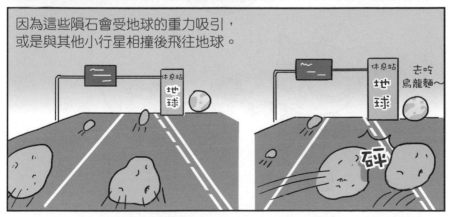

休息站
地球

休息站
地球

去吃
烏龍麵~

碎

而這些可能危害地球安全的小行星，就稱為「近地天體」。

根據NASA公布的數字，2017年約有860顆隕石行經地球，2018年時則是約400顆。

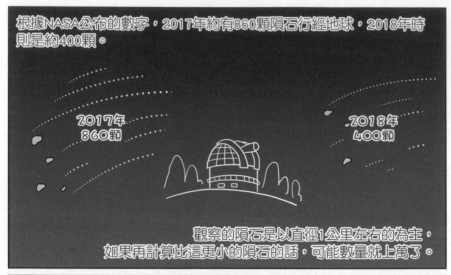

2017年
860顆

2018年
400顆

觀察的隕石是以直徑1公里左右的為主，
如果再計算比這更小的隕石的話，可能數量就上萬了。

所以NASA設置了「行星防禦協調辦公室」。

名字聽起來
好像能阻擋
外星人入侵

是為了阻擋
近地天體的地方呢

NASA目前追蹤觀察的隕石，
當中有很有可能在近期撞擊地球的嗎？

有一顆在2004年發現的「阿波菲斯」小行星。

·········· 340公尺 ··········

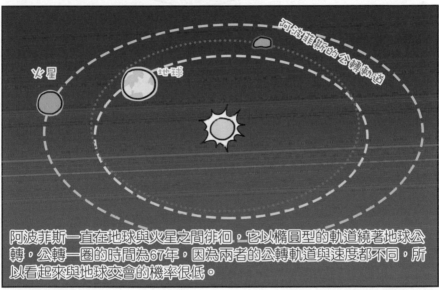

阿波菲斯一直在地球與火星之間徘徊，它以橢圓型的軌道繞著地球公轉，公轉一圈的時間為67年，因為兩者的公轉軌道與速度都不同，所以看起來與地球交會的機率很低。

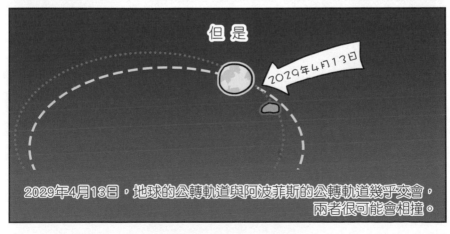

但 是

2029年4月13日

2029年4月13日，地球的公轉軌道與阿波菲斯的公轉軌道幾乎交會，
兩者很可能會相撞。

萬一阿波菲斯真的撞上
地球的話，會怎麼樣？

碎!!

NASA的模擬結果是，
如果墜入大西洋，
可能會掀起17公尺高的
巨大海嘯，
並淹沒美國東部。

人生難忘的衝浪！

如果墜落在陸地的話，
將會帶來相當於廣島核彈10萬倍的破壞力。

咚

一粒沙對地球來說
不痛不癢

啊！我的眼睛！

如同人類被10萬粒沙子砸到
會很痛一樣，
地球也會很痛的

爆炸的威力會引發大地震，
還會造成空氣汙染，影響地球溫度。

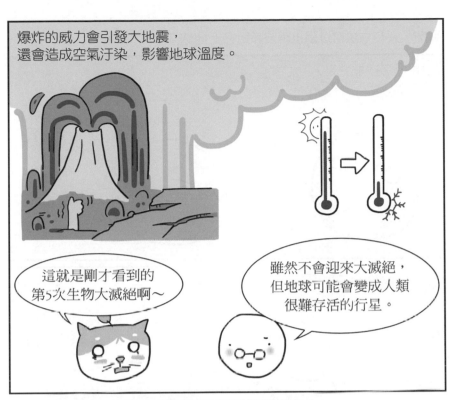

這就是剛才看到的
第5次生物大滅絕啊～

雖然不會迎來大滅絕，
但地球可能會變成人類
很難存活的行星。

2029年4月13日隕石來襲時

那個是阿波菲斯！

你還知道這個，
太厲害了！！

我這麼說，感覺很有學問吧？呵呵

並沒有……

救救我！
行星防禦辦公室～

那麼，沒有方法可以阻止阿波菲斯撞上地球？

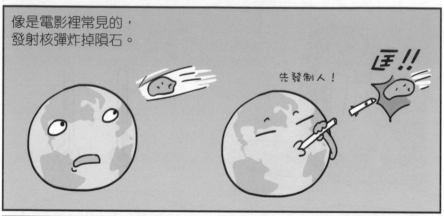

像是電影裡常見的，
發射核彈炸掉隕石。

先發制人！

匡!!

或是坐太空船到小行星上，
裝上可以炸飛它的炸彈。

咚
咚
咚
咚

不過，行星科學期刊《伊卡洛斯》上刊登了一篇最新研究，
是美國約翰霍普金斯大學與馬里蘭大學研究團隊的研究結果。

電影
真有趣呢！

現實可是
不同呢！

他們藉由一些小行星探測器回報的資訊進行了模擬，
由於小行星比我們想的要更堅硬，
所以僅憑幾發核彈無法完全擊破它們，
而且小行星的體積越大就越困難。

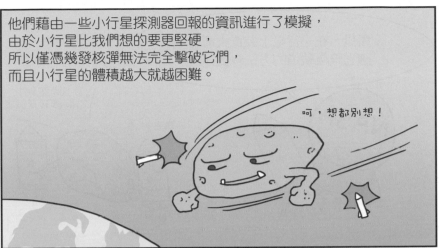

如果發射數百發的核彈，也無法完全摧毀它的話，
反而會更加危險。
因為小行星本身具有重力，
所以爆炸後產生的碎塊又會再被吸回小行星。

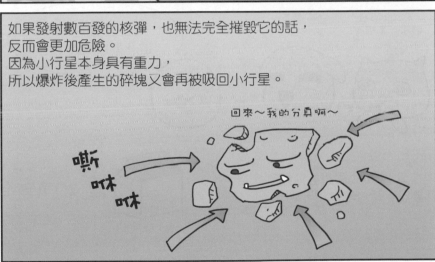

即使破壞它的結構，也無法改變它運行的軌道，
它還是有可能直接朝地球飛來。

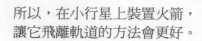

所以，在小行星上裝置火箭，
讓它飛離軌道的方法會更好。

放開我！
不知道我是誰嗎？！

請去那邊

果然NASA
都有計畫呢！

它死定了～
快滾吧！

可是有個問題，
這計畫太燒錢了。

現在連運送450毫升的液體到太空，
都要花上新台幣27萬元呢～

500ml

喝1瓶牛奶

= 27萬新台幣

火箭需要的燃料重數百公斤，
如果想將搭載很多燃料的火箭送入太空的話，
費用必定會以幾何級數的方式增長。

不過也不是完全沒有解決辦法。
2013年6月NASA有一個實驗中的「離子推進器」，
它運作了4萬3,000個小時，不曾中斷過。
5年間，引擎一次都沒有熄火喔～

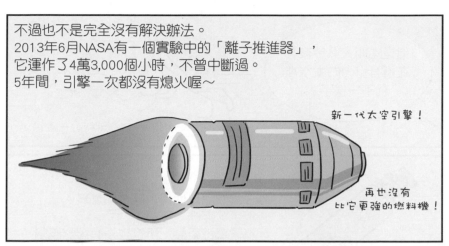

新一代太空引擎！

再也沒有
比它更強的燃料機！

更驚人的是，5年裡消耗的燃料只有870公斤。
如果是一般燃料話，可能需要超過10倍，也就是10噸的量。

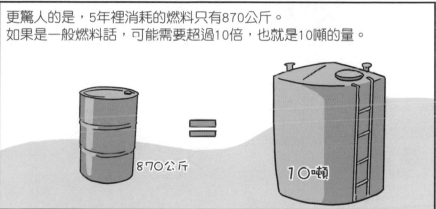

870公斤

＝

10噸

超好的乀！
汽車燃料也
換成這個吧！

離子推進器和汽車
所排放出來的氣體，
是不能相提並論的。

為什麼無法前進！

噗嗡

但是離開大氣層後，在沒有重力的太空裡就不一樣了。

噗嗡

放個屁便能往反方向一直前進

離子推進器是使用「氙」當燃料。
它無色、無味、無香，
因為是惰性氣體，所以也沒有爆炸風險。

進到引擎的氙氣接觸到電子後變成正離子。

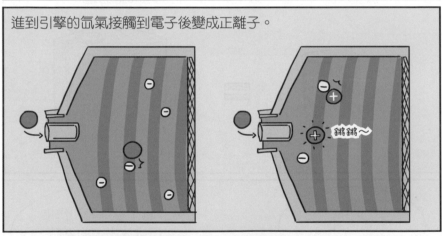

鏘鏘～

成為正離子的氙氣會通過引擎底部的金屬板，並產生反作用力，
太空船因此獲得推進力。

噗嗡嗡～

離子推進器在無重力真空的太空裡持續加速的話，
速度可達到時速10萬公里以上。
如果能將離子推進器裝在小行星上，讓它持續運作的話，
應該就能在使用少許燃料的情況下，讓小行星變換軌道。

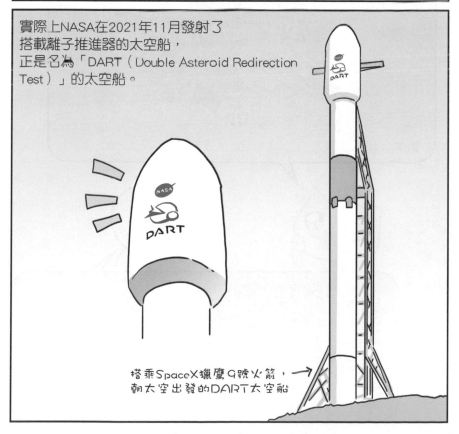

噗噗

噗

相當於放屁程度的
推進力，
就能拯救地球的
離子推進器火箭

實際上NASA在2021年11月發射了
搭載離子推進器的太空船，
正是名為「DART（Double Asteroid Redirection
Test）」的太空船。

搭乘SpaceX獵鷹9號火箭，
朝太空出發的DART太空船

目標是在2022年10月撞擊距離地球1,100萬公里的「雙衛一（Dimorphos）」小行星。

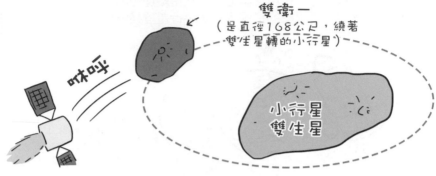

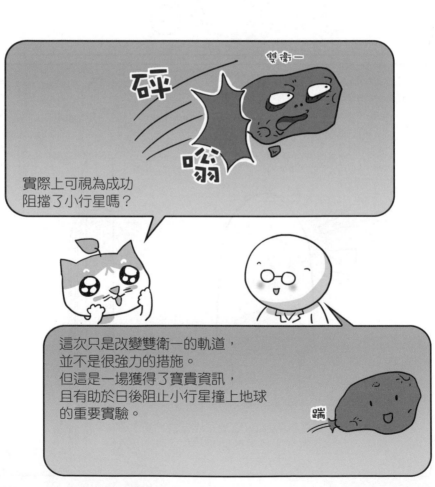

雖然只是實驗，但如果加大力道攻擊雙衛一的話，它很有可能馬上朝地球飛來。

如果雙衛一的軌道朝地球改變的話，我們的處名就要改叫地球攻擊辦公室了……

NASA行星防禦協調辦公室負責人
林德利·強生

2022年9月27日（台灣時間），NASA的DART太空船精準撞擊雙衛一，這是人類首次在防禦小行星撞上地球的任務中取得成功。
撞擊後在DART附近等待的立方衛星立刻到現場觀測了雙衛一的殘骸，這些都有助於科學家更進一步研究小行星。
這次任務讓我們意識到過去60年間航太技術的發展與太空計畫的重要性。

哇～科技讓我們免於步上跟恐龍一樣的命運呢！

果然人類會找到方法，就像過去一樣～

# 參考文獻

**1.** 如果有恐龍**DNA**的話，真的能打造出「侏羅紀公園」嗎？
- Frank Emmert-Streib & Matthias Dehmer & Olli Yli-Harja, "Lessons from the Human Genome Project: Modesty, Honesty, And Realism." NIH, 2017.11.23.
- Jeremy M. Berg & John L. Tymoczko & Lubert StryerJeremy M. Berg & John L, Tymoczko & Lubert Stryer, *Stryer's Biochemistry* (9th edition) , 2020.
- 趙鎮浩，《Genome Express》，WisdomHouse，2016。

**2.** 這世上有永遠不會死的「殭屍細胞」？
- Claiborne R & Wright S, "How One Woman's Cells Changed Medicine", ABC News, 2010.2.1.
- Denise M. Watson, "Cancer killed Henrietta Lacks - then made her immortal." *The Virginian-Pilot*, 2010.5.10.
- Puck TT & Marcus PI (1955), "A Rapid Method for Viable Cell Titration and Clone Production With Hela Cells In Tissue Culture: The Use of X-Irradiated Cells to Supply Conditioning Factors." *Proc Natl Acad Sci USA*, 41 (7): 432-437.
- Rahbari R & Sheahan T & Modes V & Collier P & Macfarlane C & Badge RM (2009). "A novel L1 retrotransposon marker for HeLa cell line identification." *BioTechniques*, 46 (4): 277-84.
- Van Smith, "Wonder Woman: The Life, Death, and Life After Death of Henrietta Lacks, Unwitting Heroine

of Modern Medical Science." *Baltimore City Paper*, 2002.4.17.
- 咸藝術，〈永遠不死的細胞「海拉」〉，鄰居是科學家，2020.10.22。
- 浦項工科大學生物物理學系實驗室協助。

**3. 實驗室裡做出來的肉是什麼味道呢？**
- Amy Fleming, "What is lab-grown meat? How it's made, environmental impact and more.", *BBC Science Focus*, 2022.6.9.
- 大邱慶北科學大學學生創業企業SeaWith協助。

**4. 我們真的能竄改人類的基因嗎？**
- 格雷戈爾·孟德爾，維基百科，https://zh.wikipedia.org/wiki/%E6%A0%BC%E9%9B%B7%E6%88%88%E7%88%BE%C2%B7%E5%AD%9F%E5%BE%B7%E7%88%BE。
- 李鐘必，〈孟德爾遺傳法則與再發現〉，《東亞科學》，2020.11.26。
- Jim Holt, *When Einstein Walked with Gödel*, 2018.

**5. 如果地球上一半的生物都消失的話，會發生什麼事呢？**
- Andy Golder, "What Would Happen If The Ending To 'Infinity War' Happened IRL?", BuzzFeed, 2018.4.30.
- David Anderson & Shira Polan, "There are 7.7 billion humans on Earth today. Here's what would actually

happen if Thanos destroyed 50% of all life on the planet." Business Insider, 2019.4.26.
- "World Population", Worldometer, https://www.worldometers.info/
- 世界人口，維基百科，https://zh.wikipedia.org/wiki/%E4%B8%96%E7%95%8C%E4%BA%BA%E5%8F%A3。
- Sebastian Alvarado, *The Science of Marvel*, 2019.

## 6. 蚊子滅絕的話，會對生態造成什麼影響？

- Claire Bates, "Would it be wrong to eradicate mosquitoes?" BBC News, 2016.1.28.
- Kyrou, Kyros & Hammond, Andrew & Galizi, Roberto & Kranjc, Nace & Burt, Austin & Beaghton, Andrea & Nolan, Tony & Crisanti, Andrea. (2018), "A CRISPR-Cas9 gene drive targeting doublesex causes complete population suppression in caged Anopheles gambiae mosquitoes." *Nature Biotechnology*, 36: 1062-1066.
- Neil Bowdler, "Malaria deaths hugely underestimated - Lancet study", BBC News, 2012.2.3.
- Rachel Feltman and Sarah Kaplan, "Dear Science: Why can't we just get rid of all the mosquitoes?" *The Washington Post*, 2016.8.1.
- "The Human Race and Condition: Is it true that mosquitoes have killed more than half of all the people who have ever lived?" Quora, 2015. https://www.quora.com/The-Human-Race-and-Condition-Is-it-true-that-mosquitoes-have-killed-more-than-half-of-all-the-people-who-have-ever-lived
- Toshiko Kaneda, "How Many People Have Ever Lived on Earth?" PRB, 2021.5.18.

- Timothy C. Winegard, *The Mosquito*, 2019.

## 7. 鳥類如何誘惑異性？

- BBC Earth, "Bird Of Paradise: Appearances COUNT!" YouTube, 2015.12.31. https://youtu.be/iTmHtxJpEWE
- "Western Parotia", The Australian Museum, 2019.8.4. https://australian.museum/about/history/exhibitions/birds-of-paradise/western-parotia/

## 8. 哪一種動物救了人類最多次？

- NC3Rs，〈從動物福利角度看各種實驗動物的飼養條件〉，李泰俊、全彩恩、韓伊升，動保團體「為動物行動」，2020。
- 李花琳，〈實驗鼠的一生〉，《浦項工大新聞》，2008.1.1。
- 慶熙大學產業微生物學系實驗室協助。

## 9. 新冠肺炎疫苗是怎麼製造出來的？

- Amy McKeever, "Why vaccines are critical to keeping diseases at bay", *National Geographic*, 2020.4.10.
- Arny McKeever & National Geographic Staff, "Here's the latest on COVID-19 vaccines", *National Geographic*, 2021.8.30.
- Norbert Pardi & Michael J. Hogan & Frederick W. Porter & Drew Weissman (2018). "mRNA vaccines-a new era in vaccinology." *Nature Reviews Drug Discovery*, 17: 261-279.
- Nsikan akpan, "Moderna's mRNA vaccine reaches its final phase. Here's how it works", *National Geographic*, 2020.7.28.
- "Understanding How Vaccines Work", CDC, 2022.5.23. https://www.cdc.gov/vaccines/hcp/conversations/

understanding-vacc-work.html

## 10. 無人操控的自動駕駛車何時會商業化？

- Business Insider, "Why Don't We Have Self-Driving Cars Yet?", YouTube, 2019.8.26. https://youtu.be/SE3gXRKBNHc
- greentheonly, "Paris streets in the eyes of Tesla Autopilot", YouTube, 2018.9.25. https://youtu.be/_1MHGUC_BzQ
- "Why we don't have self-driving cars yet", CNBC, 2019.11.30. https://www.cnbc.com/video/2019/11/30/why-we-dont-have-self-driving-cars-yet.html

## 11. 我們的大腦在思考時，會發生怎樣的變化？

- 都鎮國，〈腦血管血液動力學的基本概念〉，*Journal of Neurosonology and Neuroimaging*，2(1):1-4，2010。
- 大邱慶北科學大學腦科學綜合研究中心實驗室協助。

## 12. 尿一直憋到最後會怎樣？

- "How long is it safe to hold your urine?", Piedmont healthcare, https://www.piedmont.org/living-better/how-long-is-it-safe-to-hold-your-urine
- Jon Johnson, "Is it safe to hold your pee? Five possible complications", Medical News Today, 2021.11.16.
- Kathryn Watson, "How Long Can You Go Without Peeing?", Healthline, 2019.7.30.
- Selius, Brian & Subedi, Rajesh. (2008). "Urinary retention in adults: Diagnosis and initial management." *American Family Physician*. 77: 643-50.
- "Training your bladder", Harvard Medical School,

2010.4.20. https://www.health.harvard.edu/healthbeat/
training-your-bladder

## 13. 地球自轉速度加快2倍的話，會發生什麼事？

- Peter Gibbs, "What would happen if the Earth spun the other way?", *BBC Science Focus*, 2011.1.24.
- Sabrina Stierwalt, "What if the Earth rotated twice as fast?", Curious About Astronomy? Ask an Astronomer, 2015.6.27.
- Sarah Fecht, "What if the speed of Earth's rotation suddenly got faster?", *Popular Science*, 2021.6.1.
- Sid Perkins, "Ancient eclipses show Earth's rotation is slowing", *Science*, 2016.12.6.
- Stephenson F. R. & Morrison L. V. & Hohenkerk C. Y. (2016). Measurement of the Earth's rotation: 720 BC to AD 2015. Royal Society Publishing A, 472(2196).

## 14. 如果住在外太空1年，我們的身體會產生怎樣的變化？

- da Silveira, W. A, & Fazelinia, H. & Rosenthal, S. B. & Laiakis, E, C, & Kim, M. S. & Meydan, C. & Kidane, Y. & Rathi, K. S. & Smith, S. M. & Stear, B. & Ying, Y. & Zhang, Y. & Foox, J. & Zanello, S. & Crucian, B. & Wang, D. & Nugent, A. & Costa, H. A. & Zwart, S. R. & Schrepfer, S. & Beheshti, A. (2020), "Comprehensive Multi-omics Analysis Reveals Mitochondrial Stress as a Central Biological Hub for Spaceflight Impact." *Cell*, 183(5): 1185-1201.
- Garrett-Bakelman, F. E. & Darshi, M. & Green, S. J. & Gur, R. C. & Lin, L. & Macias, B. R. & McKenna, M. J. & Meydan, C. & Mishra, T. & Nasrini, J. & Piening, B. D. &

Rizzardi, L., F. & Sharma, K. & Siamwala, J. H. & Taylor, L. & Vitaterna, M. H. & Afkarian, M. & Afshinnekoo, E. & Ahadi, S. & Ambati, A. &... Turek, F. W. (2019). "The NASA Twins Study: A multidimensional analysis of a year-long human spaceflight." *Science*, 364 (6436).

- "Human Research Program", NASA, https://www.nasa.gov/twins-study/omics-comes-alive
- Jason Perez, "NASA's Twins Study Results Published in Science Journal", NASA, 2019.4.12.
- Luxton, Jared & McKenna, Miles & Taylor, Lynn & George, Kerry & Zwart, Sara & Crucian, Brian & Drel, Viktor & Butler, Daniel & Gokhale, Nandan & Horner, Stacy & Foox, Jonathan & Grigorev, Kirill & Bezdan, Daniela & Meydan, Cem & Smith, Scott & Sharma, Kumar & Mason, Christopher & Bailey, Susan, (2020). "Temporal Telomere and DNA Damage Responses in the Space Radiation Environment". *Cell*, 8;33(10).

## 15. 太空衣為何如此昂貴？

- Dave Mosher & Jenny Cheng, "Here's every key spacesuit NASA astronauts have worn since the 1960s - and new models that may soon arrive", Business Insider, 2019.3.27.
- NASA, "NASA's management and development of spacesuits", Report No. IG-17-018, 2017.
- "The History of Spacesuits", NASA, 2008.9.16. https://www.nasa.gov/audience/forstudents/k-4/stories/history-of-spacesuits-k4.html
- 韓國航空宇宙產業振興協會，〈太空衣的真相〉，《航空宇宙》，94:50-51，2007。

### 16. 可以用核彈阻止隕石撞到地球嗎？

- Breanna Bishop, "New research explores asteroid deflection using spacecraft to crash into body at high speeds", LLNL, 2016.2.16.
- Bruck Syal, Megan & Owen, J. & Miller, Paul. (2016). "Deflection by Kinetic Impact: Sensitivity to Asteroid Properties". *Icarus*, 269: 50-61.
- Charles El Mir & KT Ramesh & Derek C. & Richardson. A. (2019). "New hybrid framework for simulating hypervelocity asteroid impacts and gravitational reaccumulation." *Icarus*, 321: 1026-1037.
- "Double Asteroid Redirection Test Mission Resources", NASA SCIENCE, https://science.nasa.gov/planetary-defense-dart/
- Eddie Irizarry, "Online viewing of large asteroid rescheduled for April 29", Earthsky, 2020.4.29.
- Nadia Drake, "Why NASA plans to slam a spacecraft into an asteroid", *National Geographic*, 2020.4.29.
- Paul Chodas & Steve Chesley & Jon Giorgini & Don Yeomans & Center for NEO Studies, "Radar Observations Refine the Future Motion of Asteroid 2004 MN4", NASA Jet Propulsion Laboratory, 2005.2.3.
- Kelly Weinersmith, Zach Weinersmith, *Soonish*, 2017.

國家圖書館出版品預行編目 (CIP) 資料

漫畫今日科學：影片瀏覽破億次的科學YouTuber，帶你一
次輕鬆讀懂從細胞到宇宙的趣味提問／李民煥著；李松依
繪；宋佩芬譯 -- 初版 -- 臺北市：商周出版：英屬蓋曼群島
商家庭傳媒股份有限公司城邦分公司發行，2023.12
288面；14.8*21公分. -- （商周教育館；69）
譯自：요즘 과학
ISBN 978-626-318-974-4（平裝）

1.CST：科學 2.CST：漫畫

307.9                        112020255

線上版回函卡

商周教育館69

# 漫畫今日科學
**影片瀏覽破億次的科學YouTuber，帶你一次輕鬆讀懂從細胞到宇宙的趣味提問**

作者──── 李民煥
繪者──── 李松依
譯者──── 宋佩芬
企劃選書──── 羅珮芳
責任編輯──── 羅珮芳
版權──── 吳亭儀、江欣瑜、林易萱
行銷業務──── 周佑潔、賴正祐、賴玉嵐
總編輯──── 黃靖卉
總經理──── 彭之琬
事業群總經理──── 黃淑貞

發行人──── 何飛鵬
法律顧問──── 元禾法律事務所王子文律師
出版──── 商周出版
台北市104民生東路二段141號9樓
電話：(02) 25007008・傳真：(02)25007759
發行──── 英屬蓋曼群島商家庭傳媒股份有限公司城邦分公司
台北市中山區民生東路二段141號2樓
書虫客服服務專線：02-25007718；25007719
服務時間：週一至週五上午09:30-12:00；下午13:30-17:00
24小時傳真專線：02-25001990；25001991
劃撥帳號：19863813；戶名：書虫股份有限公司
讀者服務信箱：service@readingclub.com.tw
城邦讀書花園：www.cite.com.tw
香港發行所──── 城邦（香港）出版集團
香港九龍九龍城土瓜灣道86號順聯工業大廈6樓A室
電話：(852) 25086231・傳真：(852) 25789337
E-mail: hkcite@biznetvigator.com

馬新發行所──── 城邦（馬新）出版集團【Cite (M) Sdn Bhd】
41, Jalan Radin Anum, Bandar Baru Sri Petaling,
57000 Kuala Lumpur, Malaysia.
電話：(603) 90563833・傳真：(603) 90576622
Email: services@cite.my

封面中文化──── 林曉涵
內頁排版──── 陳健美
印刷──── 韋懋實業有限公司
經銷──── 聯合發行股份有限公司
電話：(02)2917-8022・傳真：(02)2911-0053
地址：新北市231新店區寶橋路235巷6弄6號2樓

初版──── 2023年12月26日初版
定價──── 480元
ISBN──── 978-626-318-974-4